Gerhard vom Rath

Über den Granit

Salzwasser

Gerhard vom Rath

Über den Granit

1. Auflage | ISBN: 978-3-84604-663-0

Erscheinungsort: Paderborn, Deutschland

Erscheinungsjahr: 2016

Salzwasser Verlag GmbH, Paderborn.

Nachdruck des Originals von 1878.

Gerhard vom Rath

Über den Granit

Salzwasser

Ueber den Granit.

Nach Vorträgen, gehalten in Köln zum Besten der Nothleidenden
an der Nogat und zu Bonn für den Gustav=Adolph=Verein.

Von

Prof. G. vom Rath.

Mit 2 lithographirten Tafeln.

Berlin SW. 1878.

Verlag von Carl Habel.

(C. G. Lüderitz'sche Verlagsbuchhandlung.)

33. Wilhelm=Straße 33.

„Dicit enim [aristotiles philosophus filius nichomachi] quod in terra sunt lapides plures quam possint nominari et quam sensus possit comprehendere. — — magna profunditas in eis occulta est . *potest prudens intelligere quod in eis magna jacet scientia.*“ Aristoteles de Lapidibus, Codex leodiensis (f. Balentin Roſe, Aristoteles de lapidibus und Arnoldus Saxo, Z. f. D. A., neue Folge VI. S.321).

Die Steine sind nicht todt. Die Steine reden; sie reden eine vernehmliche Sprache. Gewöhnlich schreibt man zwar nur den Organismen Leben zu; — diese aber sterben unaufhörlich dahin. Ist es Leben zu nennen, was täglich, stündlich, ja in jedem Augenblick stirbt, vergeht, verschwindet! So ist das organische Leben nur eine Erscheinung, ein täuschender Schein; in Wahrheit ist es ein immerwährendes Sterben. Wie anders die Steine, die Felsen, die Bildner der Gebirge!

Ruhelos, in ewiger Wandlung wirken die Kräfte, welche in den organischen Wesen zur Erscheinung kommen, während jene andern Kräfte, welche den Kryſtall erzeugt haben und in ihm thätig und lebendig sich erweisen, von dauerndem Bestande sind.

Alle Körper scheinen aus schwingenden Atomen zu bestehen, deren Bewegungen verschiedenartig sind, je nach der verschiedenen Beschaffenheit der Körper. Die Atome nun, welche wir als die letzten Bestandtheile der Kryſtalle betrachten, schwingen in ihren geschlossenen Bahnen seit ungezählten Jahrtausenden und sie werden — insofern nicht äußere Kräfte zerstörend auf sie einwirken — in ihrer vorgeschriebenen Bewegung verharren, so lange die Gestirne ihre Zirkel beschreiben. Die Schönheit der Kryſtalle ist eine unvergängliche Schönheit; von ihnen gelten, gleichwie von den Sternen, des Dichters Worte:

In ew'ger Jugend glänzen sie, obgleich Jahrtausende vergangen;
Der Zeiten Wechsel raubet nie das Licht von ihren Wangen.

Im Krystall offenbart sich das Wesen der Materie, und zwar in zweifacher Weise; durch regelmäßige Gestalt und durch gesetzmäßige chemische Mischung.

Die äußere regelmäßige Form fällt zunächst überraschend in's Auge; geometrische Gesetze, eine natürliche Geometrie enthüllt sich im Bau des Krystalls. Diese sichtbare geometrische Form entspringt einem innern regelmäßigen Gefüge der krystallinischen Materie. Auch wenn die äußere Gestalt mit ihren ebenen, glänzenden Flächen zerstört oder gar nicht zur Ausbildung gelangt wäre, so gehorcht dennoch das innere Gefüge allen Gesetzen des Krystallbaus. Die äußere Form, deren strahlende Schönheit unser Auge entzückt, ist Bild und Zeichen der im Innern des Krystalls, in der krystallinischen Materie, lebendigen, thätigen Kräfte.

Die gesetzmäßige chemische Verbindung drückt sich aus in bestimmten Zahlenverhältnissen, nach denen die Elemente des Krystalls verbunden sind. Zu den herrlichsten Krystallgebilden gehören diejenigen des Eisenglanzes. Als glänzende Tafeln, zuweilen in rosenähnlichen Gruppen vereinigt, erscheint der Eisenglanz in den Klüften des Sct. Gotthard-Gebirges; er bildet die Eisenberge der Insel Elba und erzeugt sich, fast unter unsern Augen, aus den Dämpfen der Vulkane. Wo auch der Eisenglanz erscheint, wie immer er entstanden, stets ist das Gewichtsverhältniß der beiden ihn bildenden Elemente, Eisen und Sauerstoff, entsprechend den Zahlen 7 zu 3. Im Bergkrystall sind die beiden konstituirenden Elemente Kiesel und Sauerstoff stets vereinigt im Verhältniß der Zahlen 7 zu 8. Der Kalkspath, welcher in der Mannichfaltigkeit seiner Formen alle andern Mineralien weit übertrifft, ist stets eine Mischung von 10 Gewichtstheilen Calcium, 3 Kohle, 12 Sauerstoff. Aehnliche Zahlenverhältnisse, meist freilich weniger einfach, herrschen bei allen Krystallen.

So ist der Krystall in Form und Mischung gleichsam eine Welt für sich, ein Mikrokosmus, in welchem die Eigenschaften der Materie zur Erscheinung kommen. Im Krystall gewinnt die Materie Individualität; aus dem Innern hervor, unabhängig von der Außenwelt wirken hier die Kräfte der Materie und erzeugen jenen Wunderbau, welchen wir Krystall nennen: — unabhängig von der Außenwelt; denn selbst die Schwerkraft, die allgemeine Gravitation, welche Felsen und Berge zu Falle bringt, übt nicht die geringste Einwirkung auf den Bau des Krystalls, auf die Neigung seiner Flächen und Kanten.

Nicht immer sind die Krystalle groß und wohlgebildet gleich dem Bergkrystall. Zu solch vollkommener Entwicklung bedürfen sie des Raumes und der Freiheit. In allzu großer Enge und Bedrängniß können, wie man leicht begreift, die Krystalle, so wenig wie die Menschen, zu schöner und glücklicher Entwicklung gelangen. Einen gewissen Spielraum und einige Freiheit müssen auch die Krystalle haben, um ihr inneres Wesen zur Erscheinung zu bringen. In Spalten und Klüften des Gebirgs, in Höhlungen und Drusen der Felsen finden sie den zu ihrem Kunstbau nöthigen Spielraum. Ohne solche Hohlräume vermögen die Krystalle nicht, sich mit regelmäßigen äußern Formen zu umgrenzen, aber sie verlieren ihren Charakter als Krystalle darum nicht. Die Millionen von Krystallen, welche in dichtem Gedränge einen Marmorblock oder einen Granitfelsen bilden, störten und hemmten sich gegenseitig in ihrer äußern Begrenzung. Dieser Mangel einer äußern symmetrischen Gestalt hebt indeß nicht auf das innere gesetzmäßige Gefüge eines jeden Kryftallkorns. Das Gefüge, der kryftallinische Bau ist in jedem unsichtbar kleinen, gerundeten Kalkspath=, Quarz= oder Feldspath= korn genau so beschaffen wie in den großen herrlichen Kalkspath= und Bergkryftallen oder in den Adularen. Es bestehen nun die Gesteine, die Felsen, aus Aggregaten von Kryftallen, von kryftal= lifirten Mineralen, in deren kleinstem Korn die Kräfte der Ma= terie sich wirksam erweisen.

So bieten die Felsen in ihrem feinsten Gefüge unserer Forschung und unserm Nachdenken höchst würdige. Gegenstände dar; noch mehr regen sie in ihren großen Gestaltungen Gemüth und Geist des Menschen an. Felsen bilden Berge! Was wäre ohne Berge die Erde!

Die Gebirge bringen alle Schätze des Erdinnern nahe zur Oberfläche, wo der Mensch sie erreichen und gewinnen kann. Dem Schooße der Berge entzieht er das Eisen, welches dem Menschengeschlecht Macht und Herrschaft verliehen. Aus dem Innern der Berge gräbt er die Kohle, womit er den Dampf erzeugt und die mächtigste Naturkraft zu seiner Dienerin macht. — Die Gebirge bringen hervor Quellen, Bäche und Ströme, welche Segen über die Erde ausgießen und sie zu einer Wohnstätte der Menschen vorbereitet haben. Aber zu groß und weit würde die Aufgabe sein, die Rolle zu schildern, welche die Berge im großen Haushalt der Natur, im Leben des Planeten und seiner Bewohner spielen. —

Ein unlösbares Band verknüpft den Menschengeift mit den Bergen, mit dem waltenden Genius der Gebirge.

„Auf den Bergen ist Freiheit; der Hauch der Grüfte
Steigt nicht hinauf in die reinen Lüfte."

Allen Völkern in ihrem Jugendzustande sind die hohen Berge
ein Gegenstand heiliger Scheu und Ehrfurcht gewesen, auf das
Engste verbunden mit ihren religiösen Vorstellungen. Wie hat
der griechische Genius die öden, sturmumbrausten Höhen des fast
zehn Tausend Fuß aufragenden thessalischen Olymps mit Götter-
gestalten bevölkert. Dort wohnte „Vater Zeus und die andern
unsterblichen ewigen Götter."

  Durch die Fluthen leuchtet dem Piloten
  Vom Olymp das Zwillingspaar.

Auf dem höchsten Berge von Latium, dem Mons Albanus,
dem heutigen Monte Cavo, erhob sich das uralte Heiligthum,
zu welchem die verbündeten Völker der latinischen Städte auf
der Via Sacra hinaufzogen, um den Gott anzurufen, welcher
die Bündnisse beschützt.

Auch unsere Voreltern stiegen aus ihren Wäldern zu den
Bergeshöhen empor, um den Göttern ihre Opfer darzubringen.

Doch ein anderes Gebirge steigt vor unserm geistigen Auge
empor: keines ist ihm gleich weder in seiner Lage auf der Scheide
zweier Continente, noch in Bezug auf die Rolle, welche es in
der Menschengeschichte gespielt hat; es ist das Granitgebirge
Sinai. Wie der Granit der Prototypus aller Gesteine ist, so
überragt an Gestalt und Bedeutung das sinaitische Gebirge alle
Höhen der weiten umlagernden Ländermassen von Egypten, Sy-
rien und Arabien. Auf einer dreiseitigen Basis — jede Dreiecks-
seite etwa 15 d. M. messend — erhebt sich das Felsgebirge.
Gegen Südost und Südwest trennt ein nur schmaler sandiger
Küstenstrich die Sinai=Berge vom Meere, von den beiden tief-
einschneidenden Buchten Akaba und Sues. Gegen Nord breitet

sich die Hochebene Tyh aus, eine Kalkstein=Wüste, welche weithin bis zu den Bergen Juda's sich erstreckt. Nahe dem Centrum des Gebirgs thürmt sich der Horeb bis zu 2305 m, der Djebel Musa bis 1935, der Djebel Katharina bis 2653 m auf, mächtige gerundete Kuppen, majestätisch die weite Ebene Rahab über= ragend. Ungeheure Felsenmeere erfüllen die den Horeb umgeben= den Thalgründe. Näher dem nordwestlichen Rande des Gebirgs, nicht weit vom Ursprung des Wadi Feiran steigt der Serbal 2060 m empor, fast unersteiglich. Fünfgipflig thürmt derselbe sich auf, von funfzig spitzen Felsenzacken umgeben.

In einen fast nie getrübten Luftkreis ragen die Granit= gipfel des Sinai. Daher die merkwürdige Erscheinung, daß ein über 100 ☐ M. ausgedehntes Gebirge keinen perennirenden Fluß, ja sogar keinen Bach erzeugt. Nur ganz selten stürzen wolken= bruchartige Regen in den hohen Thalmulden nieder und bilden in den Wadi schnell vorüberrauschende, große Felsblöcke mit sich führende Ströme von 2 bis 3 m Tiefe, welche nach wenigen Stunden wieder verschwinden.

Ueber den Thälern und Bergen des Sinai hat die Wüste ihre Herrschaft ausgedehnt. Keine fruchtbare Erde, keine Pflanzen= decke verhüllt die Schönheit des Gesteins, „die Naturschönheit der Steine" (Fraas, Aus dem Orient, S. 5). Die Felsen selbst bewirken einen reizenden Wechsel der Farben. Der Granit ist bald roth, bald weiß, durchbrochen von zahllosen Gängen dunklen Diorits, welche gleich Mauern mit Zinnen hervorragen. Oft glaubt man lichte Wiesengründe oder dunkle Waldpartien in der Steinwüste zu sehen. „Es ist das Pistaziengrün des Epidots oder das Lauchgrün der Hornblende, welche in gewaltigen Stößen und in Massenentwicklung die Berge füllen." (Fraas). Ueber dieser Farbenpracht der Felsen leuchtet der fast immer blaue Himmel, der Wüstenhimmel. Nach dem Stand der Sonne, welche sich spiegelt in den Spaltungsflächen der Krystalle, wechselt der Ton und die Intensität des Lichts, ausgegossen über die Berge.

Ueber den jüngsten Meeresbildungen erhebt sich die krystalline Gebirgsmasse des Sinai; — ein Beweis, daß jener Granitfels schon seit urältester Zeit über die Fläche des Meeres erhoben und von demselben nicht mehr bedeckt wurde.

Die tiefste Einsamkeit herrscht jetzt in diesem Theile der Erde. Die ganze 450 □M. große sinaitische Halbinsel wird jetzt nur von etwa vier Tausend schweifenden Beduinen bewohnt. Vor Jahrtausenden waren die klimatischen Verhältnisse andere, der Regen reichlicher als heute; die Oasen in der Wüste und die fruchtbaren Wadi zahlreicher und ausgedehnter. — Verwüstung ist über alle diese Länder hereingebrochen von den Säulen des Herkules bis in's Innere Asiens, weit jenseit Samarkand und Lop. Wo einst mächtige und große Königreiche blühten, da herrscht jetzt Wüste und Flugsand.

Auf jenen granitnen Bergen des Sinai, welche mit spitzen Zinken in den Aether ragen, wurde vor 32 Jahrhunderten die Lehre von dem Einen Gott zuerst verkündet. Hier war es wo der große Kenner der Menschen und der Felsen „seine Hand erhob und den Felsen zwei mal mit dem Stabe schlug. Da ging viel Wasser heraus, daß die Gemeine trank und ihr Vieh" (4. Mose 20, 11). Am Djebel Musa rinnt noch jetzt die Mosis-Quelle, künstlich durch Menschenhand aus dem Felsen geschlagen, hervorgelockt nach Durchbrechung einer glatten Granitschale aus einer verborgenen Wasserader. Aus Granit schlug Moses den Quell und in granitne Tafeln grub der große Gesetzgeber die Gebote ein, „die zehn Worte" (2. Mose, 34, 28). — So weisen auf dies herrliche Gebirge, welches sich auf dem schmalen Isthmus zwischen Asia und Afrika erhebt, die erhabensten und heiligsten Erinnerungen des Menschengeschlechts.

Trotz ihrer Härte widerstehen die Granitfelsen den zerstörenden Kräften der Atmosphäre nicht. Ein Krystallkorn nach dem andern wird durch die fortschreitende Verwitterung im körnigen Gemenge gelockert und gelöst. Häufig dringt die Zerstörung ungleichmäßig in die Felsen ein; so entstehen allerlei seltsame Gestalten, in denen die bildende Phantasie mannichfache Thiergestalten wahrnimmt. Im Innern der Felsmassen sind die Steinkörner oft weniger fest verbunden; dann erzeugt die Verwitterung Höhlen und Grotten. Unzählige solche Felshöhlen bietet der Serbal dar. Dort wohnten während der ersten Jahrhunderte unserer Zeitrechnung Tausende von Einsiedlern, fliehend das wandelbare, ruhelose Glück des Lebens. Der fast immer heitere Himmel, die milde Luft, die Felsen heiliger Erinnerung voll, Frieden der Seele waren ihr Theil.

Die Felsgestaltung des Sinai wiederholt sich, wo immer der Granit in die Hochgebirgsregion emporragt. — Eines der prachtvollsten Granitmassive ist die hohe Tatra in den Central-Karpathen. Von den Alpen ausstrahlend, in weit geschwungenem Bogen von Preßburg bis Orsowa, 180 d. M. lang, zieht die Karpathenkette, die Länder der Stephanskrone von den unermeßlichen Ebenen des europäischen Ostens trennend. Den herrschenden Charakter dieses großen Gebirgskreises bedingen mächtige sanftgewölbte Rücken oder domähnliche Gipfel. Nur dort wo das Wallgebirge am weitesten gegen Nord ausbiegt, an den Quellen des Dunajec, ändert sich mit dem Gestein vollständig das Relief des Gebirgs. Ohne Vorberge steigt über den Hochebenen der Waag und des Poppers die hohe Tatra, mindestens 1000 m, in geschlossener Wand empor. Oberhalb dieses Niveau's löst sich die

Gebirgsmauer in zersplitterte Pyramiden und spitze Felsenzacken auf, welche noch 600 bis 700 m höher aufsteigen. Die untern Gehänge bedeckt ein geschlossener Tannenwald; es folgt die Region des Krummholzes, welches den steiler ansteigenden Bergflächen eine grünlichgraue Färbung verleiht. Darüber erheben sich Felsgerölle, sich an die prallen Granitwände anlehnend. So zieht die Granitmauer der Tatra, mit ihren Gipfeln, Felsthürmen und Zacken 2700 m erreichend und übersteigend, acht d. M. in ostwestlicher Richtung hin, eine große Naturscheide zwischen Nord und Süd des Continents. Am südöstlichen Fuß dieser schützenden Mauer dehnen sich um die Quellbäche des Hernad und des Poppers schöne Getreidefluren aus, von waldigen Bergrücken durchzogen. Hier ist das Land der sechszehn, einst freien deutschen Zipser Städte. — Die Hochthäler der Tatra beginnen mit Felsenkesseln, welche von senkrechten, oft zu Nadeln zersplitterten Granitwänden umschlossen werden. Gegen die Thalöffnung hin sind jene Kessel durch Felswälle abgegrenzt, hinter welchen sich die Gebirgswasser zu kleinen Seen sammeln. Das sind die Meeraugen, die berühmten Tatraseen, in deren stillem, dunklem Wasser die zerbrochenen Granitfelsen sich spiegeln. Das berufenste unter den 58 Meeraugen der Tatra ist der große Fischsee auf der polnischen Seite. Ueber der schwärzlichgrünen Wasserfläche von elliptischer Form (872 m im größeren, 588 m im kleineren Durchmesser) steigen ringsum fast senkrecht die Granitwände empor, sich zersplitternd in unzählige säulen- und nadelförmige Felsenzacken, fast tausend m den Spiegel des Seeauges (1422 m üb. M.) überragend.[1]

Unter den Granitgebirgen der Erde zeichnet sich, zwar nicht durch Umfang und Höhe, wohl aber durch Schönheit seiner Formen und Reichthum an Krystallen dasjenige der Insel Elba

aus. Dies gesegnete Eiland, welches längs seiner Ostküste die reichsten
Eisenlagerstätten besitzt, besteht in seiner westlichen Hälfte aus einem
Dom von Granit. Auf kreisförmiger Basis, bis 1018 m hoch, er=
hebt sich dies Gebirge, dessen Gipfel, der Monte Capanne, schön=
geformte Pyramiden darstellen. Auf dem östlichen Gehänge,
inmitten kolossaler Felsblöcke, liegen, die buchtenreiche Insel weit
überschauend, die Dörfer San Piero und Sant' Ilario. Zwischen
ihnen zieht eine kleine Schlucht hinab; dort öffnet sich die Grotta
Doggi, eine ausgebrochene Krystall=erfüllte Spalte, ein Gang,
welcher die schönsten Turmaline, Berylle u. s. w. geliefert hat.
Wilde Steinmeere ziehen sich hinauf gegen die hohen Gipfel.
Wie am Sinai, so sind auch auf Elba die Verwitterungsformen
des Granits ganz seltsam. Die Felsen höhlen sich aus; sie wer=
den durchbrochen; skeletähnliche Formen entstehen. In stiller
Nacht, bei hellem Mondschein gewinnen diese Verwitterungs=
formen ein wahrhaft unheimliches, gespenstisches Aussehen. Wohl
könnte man glauben, die Meereswogen, ehemals an diesen Felsen
brandend, hätten diese Höhlungen und Felsskelete ausgenagt; —
doch ist dem nicht so; es liegt vielmehr nur die Wirkung der
atmosphärischen Kräfte vor [2]). — Ein kleineres Abbild des
Monte Capanne steigt als ein schöngeformter Kegel über den
Meerhorizont empor; das ist das unbewohnte einsame Eiland
Monte Cristo. Etwas ferner erblicken wir die Lilieninsel, Giglio.
Dies sind die drei granitischen Eilande des toskanischen Archipels,
vielleicht die Trümmer eines einst verbundenen, vom Meere ver=
schlungenen Gebirgs.

Auch in den Alpen, aus deren gletscherreichem Schooß unser
segensreicher Strom quillt, spielt der Granitfels eine überaus
wichtige Rolle, sowohl in der Centralzone als am Steilabsturze
gegen die lombardische Ebene. Wer den Langensee besuchte,

der erinnert sich der schönen Granitberge von Stresa und Ba=
veno, des Monte Orfano und des Monte Motterone. An ihrem
Fuße spiegeln sich in den Fluthen die borromeischen Inseln, und
zwischen den nahen Granitbergen hindurch winken in der Ferne
die ungeheuren Schneelasten des Monte Rosa. Jene beiden
Berge sind in ausgedehnten Steinbrüchen eröffnet, in denen
theils ein schneeweißer, theils ein licht röthlicher Stein gebrochen
wird; es ist der Miarolo bianco und rosso der Landesbewohner,
welcher, an vielen Prachtbauten Piemonts verwendet, das Auge
des Mineralogen erfreut. — In ähnlicher Lage wie der Motte=
rone, nämlich am Südrande der gewaltigen Alpenkette, empor=
gestiegen, erhebt sich die granitische Cima d'Asta im südöstlichen
Tyrol, eine ungemein schön und symmetrisch gebaute, gigantische
Kuppel. Auf ihrem reich gegliederten südlichen Gehänge liegen
die drei Dörfer Cinte, Castello und Pieve Tesino, von denen
die „italienischen Bilderhändler" ausziehen und die weite Welt
durchwandern.[3])

Aus Granit und zwar aus einer schiefrigen, für die Cen=
tralzone der Alpen vorzugsweise charakteristischen Varietät, be=
steht auch der höchste Berg unseres Erdtheils, der Montblanc.
Steil anstrebende Riesenpfeiler stützen und tragen den domför=
migen Gipfel. Die Pfeiler lösen sich zuweilen vom Gebirgs=
körper ab und werden zu Felsenthürmen und freiaufragenden
Felsnadeln, so die Aiguilles rouges und vertes. Die thurm=
und mauerförmigen Felsen, welche rings den erhabenen Mont=
blanc-Gipfel umgeben, sind ein sprechender Beweis für die all=
mählich aber allgewaltig fortschreitende Zerstörung des Gebirgs.
Im Laufe der Jahrtausende sind aus der einen ehemaligen
Riesenmasse jene bis 1000 m hohen Felsen herausgeschält wor=
den. — Auch das Finsteraarhorn und die krystallreichen Gott=

hardgipfel bestehen aus jenem Alpengranit, dessen Gemengtheile ein schiefriges Gefüge parallel dem Streichen des großen Gebirgs besitzen. Granitgipfel sind es, von denen der große Dichter singt, welcher in so herrlichen Worten die schweizer Berge geschildert, ohne daß sein Auge sie je erblickt:

> Zwei Zinken ragen in's Blaue der Luft
> Hoch über der Menschen Geschlechter
> Drauf tanzen, umschleiert mit goldenem Duft
> Die Wolken, die himmlischen Töchter.

> Es sitzet die Königin hoch und klar
> Auf unvergänglichem Throne
> Die Stirn umkränzt sie sich wunderbar
> Mit diamantener Krone.
> Drauf schießt die Sonne die Pfeile von Licht,
> Sie vergolden sie nur, sie erwärmen sie nicht.

Nicht immer ragt der Granit zu Alpenhöhen empor. Zugleich mit der geringeren Erhebung seiner Gipfel ändert sich auch das Relief des Gebirgs, ohne einen gewissen großartigen, gigantischen Charakter zu verlieren. Schon der Name des Riesengebirgs mit dem Riesenkamm läßt auf diesen Charakter schließen. Dieser mächtige granitne Grenzwall zwischen Schlesien und Böhmen fällt gegen Nord in 1000 m hohem Absturz zur schönen reichen Thalebene von Warmbrunn, gegen Süden zu den dunkelwaldigen Sieben Gründen, welche im Riesengebirge genau die Stellung einnehmen, wie die Allée blanche zum Montblanc. Keine Nadeln und strahlende Zinken bietet der Riesenkamm dem Auge des Wanderers dar; aber was könnte eindrucksvoller sein, als eine Wanderung über den 3 Ml. langen Kamm von der Koppe (1566 m) zum Reifträger (1307 m)! Wie contrastiren die schauerlich öden Hochebenen, die einförmigen Felsflächen und

Steinwüſten mit den grandioſen Felſenkeſſeln, den Schneegruben, dem Melzergrund, dem Rieſengrund, in denen der Blick ſich faſt verliert, und dieſe wieder mit der Ebene von Warmbrunn, durch die ſchönſten Hügel unterbrochen, durch viele Dörfer und zahlloſe Landhäuſer belebt. Emporgeſtiegen aus den Sieben Gründen zur Quelle der Elbe, gelangt man bald auf die troſtlos öde Scheitelfläche des Gebirgs. Der Pfad verliert ſich in Moor und Granitgrus, langſam rinnen die Waſſeradern; die weite Ebene bietet dem Blick nur Granitblöcke und knorriges, zu Boden gedrücktes Knieholz. Zur Seite erhebt ſich aus einem Meer wilder Felsblöcke der Reifträger. Die Farbe iſt grau oder ein eigenthümliches Grünlichgrau, je nachdem der Fels nackt oder von dürftigſtem Pflanzenwuchs bedeckt iſt. Auf dieſen öden Flächen, über welche meiſt die Nebel jagen, zeigt die Natur ihre wahre Geſtalt, fremd, groß, ſchauerlich, feindſelig dem Menſchen. — Einen beſonders charakteriſtiſchen Zug erhält das Relief des Gebirgs durch koloſſale Felsmaſſen, welche gleich Mauern oder zerbrochenen Burgen auf den nackten Scheitelflächen oder auf den waldigen Gehängen plötzlich emporragen. Sie gleichen Bauten eines Rieſengeſchlechts und beſtehen aus ungeheuren parallelepipediſchen Blöcken, deren Ecken und Kanten durch die Verwitterung gerundet ſind. So erheben ſich die Gräberſteine unfern der Kirche Wang; höher am Gebirge hinauf, nahe dem Silberkamm, der Mittagſtein (12 m h.); ähnliche Felsmaſſen ſind der Korallenſtein, der Thurmſtein, der Mädel= und Vogelſtein und viele andere.

Auch das nordweſtliche Deutſchland beſitzt ſein Granitgebirge. Wer kennt ihn nicht, den Brocken oder Blocksberg und ſeinen mächtigen Gipfel. Auf faſt kreisförmiger Baſis (2 d. M. im Durchmeſſer) rings umgeben vom Schieferplateau, ſteigt in außerordentlich sanfter, schildförmiger Wölbung der Granit empor (1041 m). So allmählich ist die Krümmung, daß der Granitgipfel vor dem Ersteiger zu fliehen scheint. Stets glaubt man den Gipfel zu erblicken; hat man aber den nahen Horizont der sanft ansteigenden Bergfläche erreicht, so hebt sich die Wölbung weiter und höher empor. Selten nur ist der Gipfel frei von Wolken und Nebeln, welche unheimlich über die rauhe Scheitelfläche vom Sturm gejagt werden. Bei Sonnenuntergang erscheint im Nebel das Brockengespenst. In längst vergangenen Tagen war der Brockengipfel eine weit berühmte Opferstätte. Nach heidnischer Vorstellung versammelten sich dort in der Walpurgis-Nacht ernste, wohlwollende Geister. Mit der Herrschaft des Christenthums wurden diese Gestalten altgermanischer Phantasie in widerwärtige Hexen umgeprägt. — Auch am Brocken fehlen die klippenartigen Felsen nicht; die Brandklippen, der Hexenaltar, die Schnarcher u. s. w. gleichen kolossalen Mauertrümmern, aufgethürmt aus matrazzen- oder quaderförmigen Blöcken.

Eine zweite kleinere Granitmasse bildet den Ramberg mit der Roßtrappe bei Thale. Ihren Gipfel bedecken freistehende Felsengruppen, die sogen. Teufelsmühlen. Die Bode durchschneidet in vielgekrümmter Thalschlucht, 330 m tief, den nordwestlichen Rand des Rambergs. Altanartig ragen die Felsränder des Granitplateaus über die großartige Schlucht empor. Der Roßtrappe gegenüber liegt auf hoher Felsenkante der Hexentanzplatz. Dies granitne Thal der Bode ist an Pracht der Felsgestaltung unübertroffen im mittleren und nördlichen Deutschland.

Eine ähnliche Berggestalt wie der Brocken ist der Aspromonte an der äußersten Südspitze Italiens. Gegen den schneebedeckten Aetna schauend bildet der mächtige Aspromonte einen

würdigen Schlußstein der Apenninen=Halbinsel. Er ist ein
Plateaugebirge 1974 m h. mit einer kreisförmigen Basis von
5 b. Ml. im Durchmesser. Die Granitmasse setzt sich gegen Norden
in der Serra fort, sowie jenseits der Senkung von Catanzaro
im großen Sila=Gebirge. Die drei calabrischen Provinzen
bilden gleichsam das granitne Italien, dessen Relief gänzlich ver=
schieden ist vom eigentlichen Apenninenland zwischen den Golfen
von Genua und von Tarent. Auf den breiten Wölbungen des
Aspromonte (des „rauhen Berges") könnte man sich nach dem
Harz versetzt wähnen, wenn nicht die edlen Kastanienwälder die
Rolle der Buchen und Buchen die Stelle der Tannen und des
Knieholzes verträten. Der Granit der Provinz von Reggio wird
unmittelbar von jungen Meeresbildungen, von lockern Tertiär=
schichten bedeckt. Auf der Grenze zwischen dem festen granitischen
Grundbau und den leicht beweglichen jüngern Straten äußerte
das furchtbare Erdbeben von 1784 den höchsten Grad seiner ver=
heerenden Kraft. Durch die Erschütterungen der Granitmassen
löften sich die Sand= und Mergelschichten und wälzten sich mit
Dörfern und Fluren in die Tiefe.⁴)

Noch sanfter als Aspromonte und Brocken sind die Wöl=
bungen des Fichtelgebirgs und der böhmisch=sächsischen Granit=
gebirge. Da ist der Ochsenkopf, der Schneeberg, der Fichtelberg,
die Kösseine, der Waldstein u. a. Ungeheure Tannenwälder be=
decken diese schildförmigen Höhen; auf den Gipfeln und den Ge=
hängen ragen kolossale Naturmauern und Felsenthürme hervor.
Bald sind die Werkstücke, die gigantischen Granitblöcke, regel=
mäßig gelagert und unverrückt, bald sind sie chaotisch über ein=
ander gestürzt. Um so erstaunlicher erscheinen diese Felsen, da
sie unvermittelt und plötzlich aus den schweigenden Wäldern sich
erheben. Zuweilen scheinen die Granitberge sich gänzlich in

koloſſale Kugeln aufzulöſen; ſo an der Lur‐Burg im Fichtel‐
gebirge. Man könnte wähnen, durch ein Erdbeben wäre der
Gipfel des Berges zertrümmert und die Trümmer rollend hinab‐
geſtürzt. In Wahrheit iſt es aber hier, ebenſo wie bei jenen
mauerförmigen Felsmaſſen, die Verwitterung, von einem Kryſtall‐
korn zum andern leiſe fortſchreitend, welche die feſteren Partieen
des Granitbergs aus den lockern Maſſen herausſchälte.

Wo demnach der Granit die Erdoberfläche bildet, ſei es in
den Hochgebirgen des Sinai, der Karpathen oder der Alpen, ſei
es in den mäßigen Höhen des Harzes, des Rieſen‐ oder Fichtel‐
gebirges oder in den Plateauländern von Sachſen und Böhmen:
— da iſt der Landſchaft überall ein großartiges Gepräge, eine
gewaltige Phyſiognomik aufgedrückt. Das unterſcheidet den
Granit von den andern Felsarten. Ja es bewahrt unſer Ge‐
ſtein den Charakter der Größe ſelbſt dort, wo es nicht mehr auf
urſprünglicher Lagerſtätte ſich befindet, ſondern als erratiſche oder
Wanderblöcke hundert Meilen fern von ſeiner Heimath erſcheint.
Das Phänomen der erratiſchen Blöcke iſt ja eines der großartig‐
ſten in der phyſiſchen Geſchichte unſerer Erde und zumal unſeres
Erdtheils. Die weſtlichen, ſüdlichen und öſtlichen Küſtenländer
des baltiſchen Meeres ſind bedeckt mit dieſen Felsmaſſen, welche
von den Granitgebirgen der ſkandinaviſchen Länder, Lapplands
und Finnlands losgelöſt, bald durch ihre Größe, bald durch die
Maſſenhaftigkeit ihres Auftretens in Erſtaunen ſetzen. Von der
Größe dieſer durch ſchwimmende und ſtrandende Eisberge aus
dem Norden an ihre jetzige Stelle getragenen Granitblöcke giebt
Zeugniß die herrliche Schale vor dem berliner Muſeum, ein
Monolith von 7 m Durchmeſſer. Sie wurde aus einem Drittel
eines der Markgrafenſteine gehauen, welche unfern Fürſtenwalde,
7 d. Ml. von Berlin, lagen.[5]) Ganze Felſenmeere bildend er‐

scheinen die nordischen Blöcke in Ostpreußen. Es sind die Stein=
palmen, dicht zusammengepackte ungeheure Steine, welche den
Eindruck anstehenden Gebirges verursachen. Kein Königspalast
kann das Auge des Petrographen mehr erfreuen als das Haus
des samländischen Bauern, aus kolossalen Bruchstücken gesprengter
Feldsteine erbaut; denn jede Mauer ist gleichsam ein Museum
der schönsten und mannichfaltigsten Granitarten. Die Gesteine,
welche in den nordischen Gebirgen durch weite Räume getrenut
sind, finden sich auf den Feldfluren der baltischen Länder in
buntem Gemenge. Wie hat sich das Angesicht der Erde selbst
in den jüngsten tellurischen Zeiten geändert! Die Tertiärzeit
zeigt uns die baltischen Länder bedeckt mit Wäldern des Bern=
steinbaums, deren edles Harz heute wie vor Jahrtausenden an
den samländischen Küsten gewonnen und über den bekannten
Erdkreis verbreitet wird. Die Bernsteinwälder versanken und
verschwanden. Das subtropische Klima wich dem vorschreitenden
Eise des Nordens. Eine ungeheure Eismasse, ein „Inlandseis",
bedeckte die skandinavischen Länder; gigantische Gletscher trugen
die Felsblöcke der Kjölengebirge an's Meer und, in schwimmende
Eisinseln sich verwandelnd, über das Meer, welches damals ebbend
und fluthend sich von der Nordsee bis zum weißen Meere er=
streckte. Mit Ehrfurcht erfüllen uns die Runenzeichen auf den
Granitblöcken Seelands, aber der Stein selbst und seine Wan=
derung ist wunderbarer als die geheimnißvollen Züge, welche ihn
bedecken. Einst ein Theil nordischer Hochgebirge, deren dunkle
Felsen aus unermeßlichen Gletschern hervorragten. Losgelöst und
auf den Eisstrom gestürzt wurde der Granit in unberechenbar
langsamer Bewegung weggeführt, bis seine Unterlage sich in eine
schwimmende Insel verwandelte und den Block nach Süden

führte. Diese Erklärung des Transports der erratischen Granit=
blöcke würde vielleicht allzu kühn erscheinen, wenn nicht in der
heutigen Schöpfung genau derselbe Vorgang sich wiederholte.
Aus der Baffinsbai schwimmen noch jetzt die steinbeladenen Eis=
inseln gegen Süd und lassen auf der Neufoundland=Bank ihre
Lasten fallen. Wenn dereinst diese, mehrere tausend Quadrat=
Meilen großen Untiefen über den Ocean gehoben werden,
so wird das neue Land mit Findlingsblöcken bedeckt sein gleich
den baltischen Gestaden.[6])

Nachdem wir die Berg= und Felsgestaltung des Granits,
sowie seine Wanderblöcke kennen gelernt, drängt sich uns die
Frage auf, woraus besteht diese Felsart, welche eine so große
Rolle in der Zusammensetzung der Erdrinde spielt. Wie die
Erde aus Gesteinen, so bestehen die Gesteine aus Mineralien,
aus krystallinen Mineralien. Vier sind die wesentlichsten Be=
standtheile des Granit: Quarz, Feldspath, Oligoklas und Glimmer.
Bei der großen Verbreitung granitischer Gesteine dürfen wir
diese vier Mineralien wohl als die Grundkörper der Erde be=
zeichnen. — Wir kennen jetzt Form und Mischung dieser Gebilde der
unorganischen Natur; doch nur zu leicht vergessen wir, welche
Schwierigkeiten überwunden werden mußten, bevor diese Erkennt=
niß gewonnen wurde.

Jahrtausende haben die Menschen nachgesonnen und sich an
dem Problem abgemüht, woraus der Quarz, der Bergkrystall,
bestehe, was sein eigentliches Wesen sei. Im Namen hat sich
die älteste Vorstellung erhalten, welche die Menschen mit diesem
Körper verbanden. Im 14. Buche (V. 475—478) der Odyssee
erzählt der göttliche Odysseus dem treuen Sauhirten Eumaios
die Schicksale der Helden vor Troja:

(κείμεϑα)· νὺξ δ'ἄρ ἐπῆλϑε κακή, Βορέαο πεσόντος,
πηγυλίς· αὐτὰρ ὕπερϑε χιὼν γένετ', ἠΰτε πάχνη,
ψυχρή, καὶ σακέεσσι περιτρέφετο κρίσταλλος.

Eine stürmende Nacht brach an; der erstarrende Nordwind
Stürzte daher und stöbernder Schnee, gleich duftigem Reife,
Fiel auffrierend herab und umzog die Schilde mit Glatteis.

(J. H. Voß).

— So ist die älteste Bezeichnung des Wortes „Eis oder Reif.“
Und für Eis hielt man noch länger als zwei Jahrtausende nach
Homer den Bergkrystall. — Der Priester Onomakritos, Begründer
der griechischen Mystik, sagt in seiner Dichtung περὶ λίϑων
(über die Steine): „Wer einen Krystall in der Hand tragend
sich in einen Tempel begiebt, dessen Gebeten kann die Gottheit
nicht widerstehen; seine Wünsche werden sicher erhört.“ [7]) So
große und geheimnißvolle Kraft schrieben also die Alten dem
Bergkrystalle zu, daß selbst die unwandelbaren Götter durch die
Wunderkraft des Steins in ihren Beschlüssen gelenkt und be=
stimmt würden. — Noch im 13. Jahrhundert sprach der große
Albertus („de Mineralibus“) die Ansicht aus, daß die Kälte des
Hochgebirgs, verbunden mit den intensiven Lichtstrahlen der hohen
Regionen, aus dem gewöhnlichen Eis den Bergkrystall erzeuge.
So lange haben die Krystalle ihr Geheimniß dem Menschen
vorenthalten! Es mußte zuvor eine neue Art des Denkens und
Forschens gefunden werden, die edle empirische Wissenschaft, jenes
„vernünftige, feine und seltsame Studium, von dem man keine
Spur in den Schriften der Philosophen findet, welche mit ideellen
Abstractionen und Einbildungen zufrieden, so an bloßen Namen
hängen und darin glücklich sind, daß sie gar nicht wissen, wie
viel sie nicht wissen.“ (Joh. Joachim Becher, geb. 1635 in Speier,
gest. 1682 in London.) [8])

Torbern Bergmann (geb. 1735 in Westgothland, gest. 1784) und Martin Heinr. Klaproth (geb. 1743 zu Wernigerode, gest. 1817 zu Berlin) waren die ersten, welche nach mühevollen Arbeiten den Bergkrystall bezwangen und bewiesen, daß er nur aus Kieselerde oder Kieselsäure besteht. Dem großen Berzelius (geb. 1779, gest. 1848 zu Stockholm) war dann der Nachweis vorbehalten, daß die Kieselsäure eine Verbindung von Sauerstoff und Kiesel oder Silicium ist. Letzteres Element, in seinen Eigenschaften der Kohle nicht ganz unähnlich, dem Bor am nächsten verwandt, ist ein brauner, stark abfärbender Körper. Nächst dem Sauerstoff ist Silicium das verbreitetste Element der festen Erdrinde; niemals aber findet es sich im unverbundenen Zustand. — Welche Befriedigung mögen jene Forscher empfunden haben, denen der Bergkrystall das tausendjährige Geheimniß seiner Zusammensetzung offenbarte.

Durch seine Krystallform ist der Quarz eines der ausgezeichnetsten Mineralien. Schon Caj. Plinius Secundus, (geb. 23 n. Chr., gest. 79 am Vesuv) richtete auf die Form des Quarzes seine Aufmerksamkeit, wie seine Worte bezeugen: Quare sexangulis nascatur lateribus, non facile ratio inveniri potest. Auch der große Joh. Kepler (geb. 1571 zu Weil der Stadt, gest. 1630 zu Regensburg) beschäftigte sich mit der Formen und Combinationen der Krystalle; sein mystischer und zugleich mathematischer Geist suchte nach Analogieen zwischen den vier „Elementen", den Krystallformen und den Himmelskörpern. Triumphirend ruft er aus: diese Analogie gehört nicht dem Aristoteles, der eine Erschaffung der Welt geleugnet habe, sondern mir und allen Christen, welche festhalten, daß die Welt von Gott erschaffen worden und nicht vorher gewesen sei. — — Der Quarz krystallisirt in sechsseitigen Säulen mit sechsflächiger Zuspitzung. Außer diesen herrschenden

Flächen kommt indeß noch eine sehr große Zahl — mehr als hundert — anderer Formen vor, welche in Combinationen mit jenen vorherrschenden Gestalten erscheinen. Alle Flächen sind in ihrer Lage durch mathematische Gesetze bestimmt. Wie im Sonnen= system die Abstände der Planeten vom Centralkörper durch ge= wisse Zahlen=Proportionen dargestellt werden können, so gilt et= was Aehnliches für die relative Entfernung der Flächen eines Kryſtalls von seinem Mittelpunkt. Wenn irgendwo der ahnungs= volle Ausspruch des Pythagoras „daß das Weſen der Dinge die Zahl sei", sich bewahrheitet, so ist es hier. Nichts ist zufällig. Alles folgt aus gewissen einfachen Normen. Wenn diese einmal erkannt, so leiten sich alle andern Formen aus jenen Grundlagen nach einfachen Zahlenverhältnissen ab. Wir gedenken der stolzen aber vollkommen zutreffenden Worte, mit denen der große fran= zösische Forscher René Just Haüy, eines Webers Sohn (geb. 1743, gest. 1822 zu Paris), seine Theorie der Kryſtalliſation be= zeichnete: „sie eile der Erfahrung voraus und verkündige die zu= künftigen Entdeckungen."

Große Verdienste um die tiefere Erkenntniß der Quarz= kryſtalliſation erwarb sich G. Rose (geb. 1798, gest. 1873 zu Berlin) durch Erforschung der Zwillingsbildungen dieses Mine= rals. Es sind dies regelmäßige Vereinigungen zweier Kryſtalle: zuweilen wachsen sie nur an einander, so daß ringsum einsprin= gende Kanten den Zwilling verrathen, oder die beiden Kryſtall= Individuen verbinden sich vollständig zu einem scheinbar einfachen Kryſtall, dessen Zwillingsnatur meist durch sorgsame Beobachtun= gen von „Matt" und „Glänzend" auf ein und derselben Fläche erkannt werden kann. — Unter den merkwürdigen Eigenschaften des Quarz ist die Cirkularpolarisation hervorzuheben. Eine Quarzplatte, horizontal aus einem Kryſtall (also normal zu seiner

Hauptaxe) geschnitten, übt eine drehende Kraft aus auf die Schwin=
gungsebene eines durch dieselbe hindurchgehenden Lichtstrahls.
Der Sinn der Drehung ist verschieden, gewisse Quarzkrystalle
drehen den Strahl rechts, andere sind linksdrehend. So sind
die Krystalle zweifacher Art, und diese Verschiedenheit verräth sich
auch in der Lage einiger untergeordneter Flächen. In den
Zwillingen verbinden sich theils Krystalle von gleicher Art, theils
aber auch von verschiedener Art, sodaß ein rechts= und ein links=
drehender Krystall oder Krystallstücke regelmäßig verwachsen sind.⁹)

Der Feldspath ist in jeglicher Hinsicht nicht weniger merk=
würdig als der Quarz. Seine chemische Zusammensetzung ist
komplizirter. Man kann den Feldspath gebildet denken aus drei
Verbindungen: Kieselsäure, Thonerde und Kali. Wie die Kiesel=
säure aus Silicium und Sauerstoff, so besteht die Thonerde aus
Aluminium und Sauerstoff, das Kali aus Kalium und Sauer=
stoff. Ebensowenig wie das Silicium kommen auch Aluminium
und Kalium als solche unverbunden in der Natur vor. Alumi=
nium ist ein glänzendes, silberähnliches, geschmeidiges Metall,
kaum ein Viertel so schwer als das Silber. Wöhler (geb. 1800
zu Eschersheim bei Frankfurt a. M.) gelang es zuerst, das Alumi=
nium in gediegenem, metallischem Zustande darzustellen. Charles
St. Claire=Deville (geb. 1814 auf St. Thomas, gest. 1876 zu
Paris) lehrte, das merkwürdige Metall zu billigen Preisen zu
gewinnen. Viele Schmucksachen werden jetzt aus Aluminium
gefertigt; mit Kupfer bildet es eine goldfarbige Bronce, welche
gleichfalls zu mancherlei Schmuck verarbeitet wird. Zu Anfang
der 60er Jahre hatte die französische Regierung die Absicht,
die Kürassiere in Aluminiumpanzer zu kleiden. Ein solcher
würde weniger als ein Drittel vom Gewicht eines gleich
großen Stahlpanzens wiegen. — Die reine Thonerde (das Oxyd

des Aluminium) kommt in der Natur nur sehr selten vor. Sie bildet zwei der kostbarsten Edelsteine: den Saphir und den Rubin, welche sich nur durch die Farbe unterscheiden. Noch im vorigen Jahrhundert glaubte man, daß der Saphir Wunden heile, das Herz stärke, gegen Fieber und Melancholie helfe. — Klaproth bezwang auch diesen Stein und zeigte, daß er nur aus Thon- oder Alaunerde bestehe. So enthalten die kostbarsten Edelsteine, vor Allem auch der Diamant, die allergewöhnlichsten Elemente.

Die Zerlegung des Kali in seine Elemente Kalium (Potassium) und Sauerstoff bildet einen Ruhmestitel Sir Humphry Davy's (geb. 1778 in Cornwall, gest. 1829 zu Genf). Diese Entdeckung, welche mit Hülfe des elektrischen Stroms geschah, bezeichnet eine der wichtigsten Epochen in der Geschichte der Wissenschaft (1808). Davy, der Sohn eines Holzschnitzers, in seiner Jugend Gehülfe bei einem Chirurgen, war einer der auserwähltesten Geister des Menschengeschlechts. Sein Streben war unablässig sowohl auf die Erforschung der Wahrheit gerichtet als auch auf die Verwerthung seiner Entdeckungen zum Wohle der Menschheit. Hunderte, vielleicht Tausende von Menschen verdanken alljährlich Davy die Erhaltung ihres Lebens; ihm, dem Erfinder der Sicherheitslampe.[10])

Das Kalium ist silberweiß, sein Gewicht 0,865, also nur $\frac{1}{3}$ so schwer als das Aluminium, nur $\frac{1}{22}$ vom Gewicht des Goldes. Es schmilzt bei $62\frac{1}{2}°$ C. und verwandelt sich bei höherer Temperatur in ein Gas von schöner grünblauer Farbe.

Das Kali ist für die Vegetation von höchster Wichtigkeit: es bildet einen wesentlichen Bestandtheil in der Asche der Landpflanzen. Früher glaubte man, daß die Pflanzen aus dem Natron, dem „Mineralalkali," das Kali erzeugten und nannte es deshalb Pflanzenalkali. Gegen Ende des vorigen Jahrhunderts entdeckte Klaproth das Kali im Mineralreich und zwar zunächst in einem Mineral der vesuvischen Laven, dem Leucit. Einige Jahre später wies Val. Rose (geb. 1762, gest. 1807 zu Berlin) im Feldspath von Lomnitz in Schlesien das Kali nach. Diese Entdeckung bewirkte eine Umwälzung in den chemischen Vor=stellungen jener Zeit.

Mit der wichtigen Rolle, welche das Kali im Haushalt der Natur spielt, steht auch im Einklang seine außerordentliche Ver=breitung in der Erdrinde, im Feldspath, im Granit. Durch mächtige Granitgebirge hat die Natur bewirkt, daß niemals un=sern Pflanzen (der Rebe, der Rübe) das Kali fehle.

Die Krystalle des Feldspaths boten der Forschung noch größere Schwierigkeiten dar als der Quarz. Ihr Gesetz enthüllt zu haben, ist vorzugsweise das Verdienst von Christian Sam. Weiß (geb. 1780 zu Leipzig; gest. 1856 zu Eger), welcher viele Jahre seines Lebens dem Studium des Feldspathsystems widmete. Seine Arbeiten sprechen an vielen Stellen die höchste Bewun=derung aus über die im Feldspath sich enthüllenden Geheimnisse der Gestaltung der unorganischen Natur. „Im Feldspath," pflegte er in seinen Vorlesungen zu sagen, „spiegelt sich das Universum wieder." Von größtem Interesse sind bei diesem Mineral die Zwillingsbildungen, die Drillinge, Vierlinge, — ja Sechslinge und Achtlinge. Es sind drei Gesetze regelmäßiger Verwachsung bekannt; auch kommen mehrere zugleich vor und bilden Gruppen höherer Ordnung. Hier öffnet sich ein weites und lohnendes Feld krystallographischer Forschung. Man hat wohl die Natur eine Baumeisterin genannt: wenn sie irgendwo herrliche Kunst=bauten ausgeführt hat, so ist es bei diesen Feldspathzwillingen der Fall. Die Natur formt und baut diese Gruppirungen, als ob ihr eine stille Freude innewohne an den mancherlei Variatio=

nen, die sie aus einer gewissen Zahl gleicher Bauelemente her=
stellt. In diesen mannichfach wechselnden Krystallgruppirungen
die Flächen des einfachen Krystalls zu suchen und zu finden, ge=
währt einen eigenthümlichen Reiz. Nicht nur in den Zwillings=
gruppen, sondern zuweilen auch in dem Gefüge des einzelnen
Krystalls offenbart sich ein Kunstbau der Natur. Viele Feldspathe
sind nicht homogen; sie bestehen vielmehr aus zwei, ja aus drei
verschiedenen, doch aber in Form und Mischung ähnlichen Sub.
stanzen, welche förmlich gitterähnlich mit einander verwebt sind=
Man unterscheidet hauptsächlich drei Abänderungen des Feldspaths:
den gewöhnlichen Orthoklas der Granite, den Adular in den
Höhlungen des Alpengranits, besonders am St. Gotthard, den
Sanidin oder Feldspath der Trachyte. Diesen letztern sehen wir
in großen Krystallen das Gestein des Drachenfels erfüllen. Sie
bröckeln leicht in Folge der Verwitterung heraus, welche alsdann
schnell und tief in den Stein eindringt. Dies zeigt der südliche
Thurm des Doms zu Köln, dessen äußere Steinbekleidung gänz=
lich abgenommen und durch ein der Verwitterung weniger unter=
worfenes Material ersetzt werden muß.[11])

Der Oligoklas ist ein dem Feldspath verwandtes Mineral,
von ähnlicher Mischung und Form. Statt des Kali enthält er
indeß Natron und Kalkerde; die Krystallform ist weniger sym=
metrisch wie diejenige des Feldspaths. Während man den Feld=
spath in rechtwinklige Stücke spalten kann, welche Form auch
manche seiner Krystalle zeigen, sind die aus dem Oligoklas ge=
spaltenen Stücke und so auch seine Krystalle schiefwinklig.

Der Glimmer ist jenes seltsame Mineral, welches vom
Volke Katzensilber und Katzengold genannt wird. In den roma=
nischen Sprachen heißt er Mica (vom lateinischen Wort micare
glänzen). So ist seine wesentliche Eigenschaft sein schimmern=

der Glanz, im Namen trefflich ausgedrückt. Auch unter dem Namen „muskowitisches Glas" wird der Glimmer in älteren Werken aufgeführt, da die großen Tafeln, welche im Granit des mittlern Ural brechen, als Fensterscheiben benutzt wurden. Kein anderes Mineral besitzt eine gleich vollkommene Spaltbarkeit wie der Glimmer; seine Theilbarkeit in feinste Blätter ist eine un= begrenzte. Seine Farbe ist bald silberweiß, bald schwarz, im erstern Fall ist die Mischung eisenfrei, im letztern eisenhaltig. Selten sind die Tafeln des Glimmers von regelmäßigen Krystall= flächen umgrenzt; dann aber zeigen sie eine sechsseitige, zuweilen auch eine rhombische Umgrenzung der Tafel. — Die Indier und Chinesen malen auf Glimmertafeln kunstvolle Gemälde. Aus fast farblosem Glimmer fertigt man bekanntlich in neuerer Zeit Lampencylinder, welche vor den Glascylindern den Vorzug be= sitzen, daß sie niemals springen. Die chemische Zusammensetzung des Glimmers ist eine sehr komplicirte und wechselnde, sodaß es erst in der letzten Zeit den Bemühungen Rammelsberg's gelungen ist, das chemische Gesetz der Glimmer zu ermitteln. Kieselsäure, Thonerde, Magnesia, Eisen, Kali, Natron, Fluor, Wasser, zu= weilen auch Lithion sind seine Bestandtheile.

Quarz, Feldspath nebst Oligoklas und Glimmer bilden nun bald in großförnigem, bald in klein= und feinförnigem Gemenge den Granit, — gewöhnlich mit außerordentlicher Gleichförmig= keit über Gebiete von mehreren Quadratmeilen Ausdehnung. In dieser Uniformität liegt eine der Eigenthümlichkeiten des Granits im Vergleich zu jüngern Gesteinen, welche einen schnellen Wechsel des Ansehens und der Struktur zeigen. So erblicken wir in unserm kaum $\frac{1}{4}$ $\square$M. bedeckenden Siebengebirge, wel= ches hauptsächlich aus Trachyt, einem sehr jugendlichen Gestein, besteht, eine sehr große Mannichfaltigkeit der Felsen. Fast jede

Kuppe des vielgestaltigen, gipfelreichen Gebirgs zeigt eine etwas verschiedene Felsvarietät.

In der geschlossenen Granitmasse haben sich die verschiedenen, dicht gedrängten Krystallkörner gegenseitig in ihrer Ausbildung gehemmt. Die wohlgebildeten Krystalle, die fußgroßen Feldspathe und die Quarze mit flächenreichen Formen, — sie konnten sich nicht in der festgeschlossenen Felsmasse bilden: — nur da wo Höhlungen vorhanden und in diese Höhlungen hineinwachsend, konnten die Krystalle ihre vollkommene Ausbildung erlangen. Wer kennt nicht die Krystallkeller des Alpengranits mit den großen Bergkrystallen, den sogen. Strahlen der Alpenbewohner. Im Jahre 1719 öffnete man am Zinkenberge einen solchen Krystallraum, welcher hundert Ctr. der schönsten Bergkrystalle lieferte, darunter einzelne Individuen von 1½, ja von 8 Ctr. Einen ähnlichen Fund machte man im Jahre 1770. Derselbe ergab Riesenkrystalle bis zu 8 Ctr. Gewicht. Eine noch reichere Ausbeute gewährte die berühmte Krystallhöhle am Tiefengletscher, nahe der Furka im Jahre 1868. An einer jäh abstürzenden Felswand, 30 m über dem Gletscher erblickte man in grobkörnigem Granit eine 20 m lange, 1 bis 4 m breite Quarzader. Zwei Krystallsucher, „Strahler", erkannten mit ihren scharfen Augen Oeffnungen in der dunklen Quarzmasse. Ein „Strahler" kroch mit Lebensgefahr die glatten Felsen hinan, griff mit dem Arm tief hinein und zog als Trophäe einige kleine schwarze Krystallstücke heraus. Nachdem die Oeffnung durch Sprengen erweitert, that sich eine krystallbedeckte Höhle auf von 6 bis 7 m Tiefe, 3 bis 5 m Breite, 2 m Höhe. Hier lagen, eingebettet in feinem grünen chloritischen Sande und überdeckt von Felsstücken, welche augenscheinlich von der Decke herabgestürzt waren, die schönsten schwarzen Bergkrystalle (Morion oder Rauchtopas) welche jemals ein Auge erblickt. Auf diesen Fund und seine Ausbeutung passen vortrefflich die Worte, mit denen Plinius (Nat. Hist. Lib. XXXVII Cap. II) die Gewinnung der Berg= krystalle beschreibt (in cautibus Alpium nasci adeo inviis ple- rumque ut fune pendentes eam extrahant). Die dunklen Krystalle des Tiefengletschers bilden jetzt die unvergleichliche Zierde des Berner Museum. Die größten haben besondere Na= men erhalten. Da ist der ehrwürdige „Großvater", 69 cm lang, 133½ kg schwer; der „König" 87 cm lang, 127½ kg. Da er= blicken wir „Carl den Dicken", 68 cm und 105 kg. In dunklem Glanz strahlen die herrlichen „Zwillinge, Castor und Pollux", 72 und 71 cm, 65 und 62½ kg. Alle sind von kohlschwarzer Farbe, trefflich spiegelnden Flächen und haarscharfen Kanten. Im Ganzen lieferte dieser „Krystallkeller" 15 000 kg des prachtvollsten Morion im Werth von mehr als 300 000 Mark.

Andere Höhlungen und Klüfte des Granits liefern den Feldspath in großen Krystallen. Am St. Gotthard bergen die Hohlräume, die Drusen des Alpengranits, den Adular, ausge= zeichnet wegen seiner Durchsichtigkeit und des bläulichen Licht= scheins. Der Barnabit Pater Pini (geb. 1739, gest. 1825 zu Mailand), der wissenschaftliche Gegner des großen Hor. Bene= dict de Saussure (geb. 1740, gest. 1799 zu Genf) entdeckte und benannte den schönen Stein, welcher häufig von Eisenglanz, den berühmten alpinischen Eisenrosen, begleitet ist. — Die Drusen des Granits von Baveno am Langen See umschließen wunder= bar zierliche, mattweiße oder lichtröthliche Feldspathkrystalle, fast stets Zwillinge, die sogen. Bavenoer Zwillinge. Der Granit von Elba umschließt weiße Krystalle von unbeschreiblich mildem Glanz, welcher durch dünne, durchsichtige Schalen von Albit her= vorgebracht wird. Durch ihre Größe zeichnen sich die Krystalle aus dem Riesengranit (Krötenloch bei Hirschberg) aus, welche über 0,3 m erreichen. Im skandinavischen Norden, wo überhaupt die Dimensionen der Mineralien in's Gigantische gehen, entwickeln sich aus dem Granit Feldspathkrystalle von 1 m Größe. Vor wenigen Jahren lieferte der granitische Pikes Peak (4331 m) in Colorado, einer der Culminationspunkte des Felsengebirges, grüne Feldspathkrystalle (sogen. Amazonensteine) von bewundernswerther Ausbildung und Schönheit (die trefflichsten liegen im Museum zu Bonn.)[12]

Doch nicht nur Feldspath, Quarz sowie Glimmer, die wesentlichen Bestandtheile des Granits, sind in den Hohlräumen, Klüften und Drusen des Gesteins auskrystallisirt. Es erscheinen hier auch in ihren herrlichen Krystallgebilden gewisse andere Mineralien, welche dem normalen Granitgemenge nicht angehören, aber als Drusengebilde für unser Gestein besonders charakteristisch sind. Vor allem müssen wir hier der drei Edelsteine: Turmalin, Beryll, Topas, gedenken.

Der Turmalin war dem Alterthum und dem Mittelalter unbekannt. Erst zu Anfang des vorigen Jahrhunderts brachte man nach Holland aus Ceylon unter dem Namen Turmale einen wunderbaren Stein, welcher in erhitztem Zustande leichte Körper anzieht und sie dann alsbald wieder abstößt. Der große Linné (geb. 1707, gest. 1778 zu Upsala) erkannte zuerst in diesem Verhalten die Wirkung der Elektricität und nannte den Stein Lapis electricus. So ist der Turmalin der elektrische Edelstein. Bei Temperaturänderungen werden die beiden Enden des Krystalls zu elektrischen Polen; an dem einen wird Harzelektricität, am anderen Glaselektricität frei. Diese merkwürdige Eigenschaft des Steins hängt mit einer Eigenthümlichkeit seiner Krystallform zusammen. Während nämlich im Allgemeinen die Krystalle an

ihren Enden gleich ausgebildet sind, zeigt der Turmalin ver=
schieden gestaltete Zuspitzungen. — Die chemische Mischung dieses
Edelsteins ist eine äußerst komplicirte. Sehr charakteristisch ist
ein Gehalt von Borsäure neben der Kieselsäure. Der Turmalin
ist bald schwarz, bald von bunten Farben: braun, schwärzlichbraun,
grün, roth, farblos. Nicht selten sind verschiedene Farben an
einem und demselben Krystall vereinigt, wie es die Drusen des
Granits von Elba in ausgezeichneter Weise darbieten. Die
schönsten rothen Turmaline haben sich zu Mursinka und Schai=
tanka im mittleren Ural gefunden.[13])

Der Beryll war schon im Alterthum bekannt und geschätzt.
Arnoldus Saxo, welcher (1220—1230) eine Schrift de virtuti-
bus lapidum verfaßte, vorzugsweise auf Grund eines Buches
über die Steine von Aristoteles, sagt vom Beryll: color pallidus
ut lymphe forma sexagona transmittitur ab India. — virtus
ejus contra pericula hostium et contra lites, et invictum
reddit et mitem, et ingenium bonum adhibet et valet contra
pigritiam. Die edle Abänderung des Beryll bildet den Smaragd
von unvergleichlich schöner Farbe. Die Alten schätzten ihn auf's
Höchste. Von diesem Steine heißt es: collo suspensus visum
debilem confortat et oculos conservat illesos . reddit memo-
riam, et contra illusiones demoniacas valet . et tempestatem
avertit . et valet iis qui divinare volunt et predicere quae-
dam. — Von der strahlenden Wirkung des Smaragd hatten die
Alten gar seltsame Vorstellungen, wie aus der Erzählung des
Plinius hervorgeht. „Auf der Insel Cypern befand sich auf dem
Grabmal des Königs Hermias ein Löwe von Marmor mit Augen
von Smaragd, welche so stark in das benachbarte Meer strahlten,
daß die Thunfische dadurch erschreckt, zurückflohen, bis endlich
Fischer, welche diesen ihnen nachtheiligen Umstand lange bewun=

dert hatten, andere edle Steine in die Augen des Löwen setzten"
(Nat. Hist. Lib. XXXVII, Cap. V). Wieviel Aberglaube
und Irrthum mußte zerstört, wieviel Arbeit mußte gethan werden,
bis Vauquelin (geb. 1763, gest. 1829, Dep. Calvados) im Be=
ryll und Smaragd die Beryllerde entdeckte und Kupffer (geb.
1799, Mitau) die Winkel des Edelsteins bis auf wenige Se=
kunden genau bestimmte! Die Berylle sind von den verschie=
densten Farben. Wein= und grünlichgelb, gelblichgrün, bläulichgrün,
und blaßblau in den Höhlungen des Granits von Mursinka und
Schaitanka bei Katharinenburg, Ural. Bläulichgrün, lauchgrün,
vergesellschaftet mit Amazonenstein am Ilmensee bei Miask.
Gelblichgrün, weingelb am Goldenen Berg im Gebirge Adun=
Tschilon unfern Nertschinsk in Transbaikalien. Die russischen
Berylle und Smaragde müssen schon den Alten bekannt gewesen
sein, denn es heißt bei Plinius: „nobilissimi Scythici" und
„quantum Smaragdi a gemmis distant, tantum Scythici a
caeteris smaragdis" und auch bei Arnoldus Saxo: „meliores
scythici." — Die bläulichgrünen Berylle werden Aquamarine
genannt. Plinius vergleicht schon die Farbe gewisser Berylle mit
dem Meere („viriditatem puri maris imitantur"). Von be=
sonderer Klarheit und Flächenreichthum sind die Krystalle aus
den Drusen des Granits von Elba, während in den Staaten
New Hampshire und Massachussets Berylle von riesigen Di=
mensionen sich gefunden haben (bis 1,3 m groß, über 1000 kg
schwer).[14])

Härter als Bergkrystall, Turmalin und Beryll ist der Topas,
ein hochgeschätzter Stein. Der Name findet sich schon bei den
Alten. Auf der Insel Topazon im rothen Meere gruben sie
einen gelben Edelstein, welcher Topazion genannt wurde und
wunderbare Eigenschaften haben sollte „iram sedat et tristitiam

valet contra mortem subitaneam, ferventes undas compescit.“ Es war dies aber nicht unser Topas, der dem Alterthum unbekannt war, sondern eine Varietät des Chrysolithus („et melancoliam depellit et stultitiam, et sapientiam confert“). — Der Topas ist in jeder Hinsicht überaus merkwürdig: seine Form von besonderer Schönheit und Grazie; die charakteristische Farbe ist gelb, bald einem dunklen Rheinwein ähnlich, bald honiggelb oder gelblichweiß, auch farblos. Durch vorsichtiges Glühen kann man dem Stein einen dunkleren, schöneren Farbenton geben. Auch der Topas ist ein elektrischer Edelstein, wie der Turmalin, aber die bei Temperatur-Aenderungen entstehenden elektrischen Pole haben eine ganz andere Lage. Die beiden Arten der Elektricität sammeln sich nämlich nicht an den Enden des Krystalls, sondern an der Oberfläche und im Innern. In chemischer Hinsicht steht der Topas durch seinen Gehalt an Fluor unter den Edelsteinen einzig da. Das Fluor ist ein dem Chlor ähnliches Element, es besitzt das größte Vereinigungsbestreben zu allen andern Elementen. Ampère schlug deshalb für dasselbe den Namen Phthor, der Zerstörer, vor. Die Granitberge des mittlern Urals sowie die Gebirge um den Baikalsee sind reich an großen und schönen Topasen; vor allem die Gebirge Adun=Tschilon und Kuchuserken am Urulgafluß in Transbaikalien. Es ist weit von hier, eine der größten kontinentalen Entfernungen, 975 d. M. auf einem größten Kreise gemessen. Tungusen und Buriäten graben den Edelstein und bringen ihn zu Markt nach Nertschinsk, wo die schwersten Verbrecher in den Bleibergwerken arbeiten. Dann wandern die edlen Steine von einer Hand in die andere über Irkutzk, Katharinenburg, Nischne Nowgorod. Der größte Topas wurde im Jahre 1860 nach Petersburg gebracht; er ist 28 cm lang, 16 breit, dunkelweingelb.[15]) Prächtig anzuschauen sind die

wasserhellen Topase in den zierlichen Granitdrusen der Mourne-
Berge in Irland. Welch' herrliche Topase erblickt man im
Grünen Gewölbe zu Dresden! Wenige ahnen wohl, daß diese
kostbaren Schmucksteine sächsisches Landesprodukt sind. Aus den
unübersehbaren Tannenwäldern, welche zwischen Graslitz in Böhmen und Schöneck im sächsischen Voigtlande die breite Hochebene
des Erzgebirges bedecken, ragt ca. 30 m hoch eine ruinenartige
Felsmasse empor; auf Treppen steigt man hinauf und überschaut
die Waldwildniß. Das ist der berühmte Topasfelsen Schneckenstein. Hügel von Gesteinsbruchstücken sind am Fuße des Felsens
aufgehäuft und verrathen die Arbeit der Steinklopfer, welche hier
viele Tausende schöner, lichtweingelber Topase gewonnen haben.

Außer den genannten Mineralien beherbergen die Hohlräume
des Granits noch viele andere, z. B. Granat, Epidot, Flußspath;
während Korund, Zirkon, Titanit, Andalusit, Orthit, Magnet-
eisen, Arsenkies u. a. als seltenere Gemengtheile der Grundmasse
auftreten. Kein anderes Eruptivgestein beherbergt eine so große
Zahl von Mineralien, zugleich von so mannichfaltiger chemischer
Mischung. Wie sind jene seltenen Elemente, das Bor des Turmalin, das Beryllium des Beryll, das Fluor der Topas in die
Drusen und Gänge des Granit geführt worden? Bei den Gängen — ausgefüllten Spalten, — welche in die Tiefe niedersetzen,
bietet sich naturgemäß die Ansicht dar, daß jene Stoffe als Lö-
sungen oder unter Mitwirkung von Dämpfen aus der Tiefe
emporgeführt wurden. Diese Annahme ist aber nicht gestattet,
wenn ringsgeschlossene Drusenräume jene seltenen Mineralien
und Edelsteine bergen. Wie auch immer die Bildung derselben
erfolgt sein mag, gewiß ist, daß die mineral- und krystallbildende
Kraft der Erdrinde in jenem Jugendalter des Planeten, welches
den Granit gebar, mannichfaltiger und großartiger wirkte wie

heute. Gleich Hünengestalten grauer Vorzeit erscheinen die Krystalle der Granitformation neben den kleinen oder gar winzigen Krystallgebilden später Erdenzeiten, wie sie die erloschenen und thätigen Vulkane uns darbieten.

Die Entstehung des Granit, — dies ist eines der größten geologischen Räthsel. Die Vulkane erzeugen zwar noch heute Basalte und Trachyte, aber Granit entsteht nicht mehr: wenigstens nicht in den uns zugänglichen Tiefen der Erdrinde. Vergeblich waren auch alle Versuche, künstlich — etwa durch einen Schmelzfluß — irgend etwas darzustellen, was dem körnig=krystallinen Gemenge des Granit ähnlich ist. Fremdartig steht es da unter den gegenwärtigen Erzeugnissen der Tellus. Es spricht der Granit das Geheimniß seiner Entstehung nicht aus.

Mit unserer Frage nach der Bildung des Granit werden wir auf die Erdtiefe, auf das Erdinnere verwiesen. Aus der Tiefe sind die Granitmassen emporgestiegen. Je räthselhafter Korn und Gemenge des Granit uns erscheint, um so wichtiger ist es, die Lagerung des Gesteins zu erforschen, die Form und Begrenzung seiner Massen zu untersuchen, sowie die Wirkungen auf das Nebengestein.

Die Grenzflächen zwischen dem Granit und den gewöhnlich ihn umlagernden schiefrigen Gesteinen setzen meist steil zur Tiefe nieder. Als ungeheure oben abgestumpfte Kegel oder Keile dehnen die Granitmassive sich gegen die Tiefe aus. Zuweilen sind diese Contactebenen ganz seltsam treppenförmig gebrochen. Nicht selten ist auch der Granit über die Schiefer mit steiler Grenze hinübergelehnt. Beispiele für diese Lagerungen erblickt man auf das Deutlichste fast überall, wo tiefe Thäler jene Grenze bloß=legen; so im Harz, Riesengebirge, an der Cima d'Asta, am Mte. Motterone, auf Elba. — Zuweilen ruht der Granit auch wohl mit annähernd horizontaler oder unregelmäßig gewellter Grenzfläche auf den Schiefern. Doch auch in diesem Falle fehlen die deutlichsten Durchbrüche nicht, die Gänge, auf denen die Granitmassen emporstiegen. Das ausgezeichnetste Beispiel für diese sogen. deckenförmige Lagerung erblickten Humboldt, Rose und Ehrenberg auf ihrer Ural- und Altai-Reise, als sie auf dem obern Irtisch von Buchtarminsk nach Ust-Kamenogorsk hinabfuhren. Daß der Granit aus der Tiefe emporgestiegen, daß er ein eruptives Gestein, ist durch die Untersuchungen aller beobachtenden Geologen seit Hutton bewiesen. Diese Beobachtungen haben ein um so größeres Gewicht, als es galt, stets von neuem sich erhebende Bedenken zu beseitigen, welche auf dem so dunklen Gebiete der Gesteinsbildung sehr berechtigt sind. Unter den wichtigeren Beobachtungen der letzten Jahre sind vor allem diejenigen des K. Landesgeologen Dr. Karl Lossen hervorzuheben. Auf dem altklassischen Boden des Harzgebirges fand er neue wichtige Thatsachen (den merkwürdigen Bode-Gang), welche nicht nur die eruptive Natur des Granit außer Zweifel stellen, sondern auch die Entstehung dieses Gesteins aus dem Jugendzustand des Planeten in eine gewisse Beziehung bringen zu den Erzeugnissen der Vulkane. Der Bodegang deutet einen unterirdischen Zusammenhang des Ramberg- mit dem Brockenmassiv an „eine Aufreißungsspalte, in der das heißflüssige, granitische Magma durch den abkühlenden Einfluß der Spaltenwände eine porphyrische und sphärolithische Struktur angenommen."[16]

Während alle Beobachtungen stets neue Beweise für die eruptive Natur des Granit ergaben, berichtigten sie doch in einem wesentlichen Punkte die früher herrschende Ansicht, daß nämlich der Granit die ihn umlagernden Schieferschichten aufgerichtet, die Gebirge erhoben habe. Es ist eine Eigenthümlichkeit unseres

Geistes, sinnfällige großartige Wirkungen auf sichtbare Ursachen zurückzuführen. So hat man nach einander im Granit, im Porphyr, in den Grünsteinen u. s. w. den eigentlichen Hebel für die Emporhebung der Schiefer- und Kalkschichten d. h. für die Gebirgsbildung im Großen zu erkennen geglaubt. In Wahrheit aber ist diese Wirkung nicht von den Eruptivgesteinen ausgegangen. Sie haben gleich den geschichteten Massen eine leidende oder passive Rolle gespielt. „Ein und dieselbe Kraft hat die Schichten über einander geschoben und die Granitmassen emporgepreßt" (Lossen). Welches diese große tellurische Kraft gewesen, die eigentliche Gebirgsbildnerin, darüber sind jetzt nur Muthmaßungen gestattet. Die Gebirge, selbst die himmelanstrebenden ungeheuren Riesenketten gleichen doch nur Falten und Runzeln, wenn wir ihr Volumen mit dem des Erdballs vergleichen. Und durch Faltung und Runzelung der Erdrinde, unter welcher der Planet erkaltend sich zusammenzog, scheinen die Gebirge entstanden zu sein. — In der Tiefe liegt also die Geburtsstätte des Granit. Das Innere der Erde aber ist uns unbekannt, darüber dürfen wir uns keiner Täuschung hingeben, fast unbekannter als die fernen Gestirne. Von den fernen Sternen dringen Lichtstrahlen durch den unermeßlichen Weltraum und bringen Kunde von der Natur der Elemente auf jenen Sonnen. Die großen Forscher Bunsen und Kirchhoff haben gelehrt, die Sonnen- und Sternenstrahlen mit Hülfe des Spektroskops chemisch zu analysiren; sie haben das Gebiet der Chemie ausgedehnt von unserer Erde, einem Punkte im Weltall, auf ferne Sterne und Sternennebel!

Aber leider, aus dem dunklen Schooße der Erde bringt kein Lichtstrahl empor, welcher uns Kunde brächte von den Stoffen der Tiefe und ihrem Aggregatzustand.

Wenngleich der Granit nicht die Aufrichtung der Schichten

bedingt hat (so wenig wie der Trachyt unseres Drachenfels
die steile Stellung des umgebenden Thonschiefers verursachte), so
liegen doch zahlreiche Beispiele mechanischer Kraft vor, von wel=
cher seine Eruption begleitet war. Bruchstücke des angrenzenden
Nebengesteins sind losgerissen und vom Granit umhüllt worden.
Die Felsküsten Elba's bieten viele Erscheinungen dieser Art dar.

Doch nicht auf mechanische Veränderungen beschränken sich
die Einwirkungen des Granits. Wie dies Gestein den höchsten
Grad von krystallinem Wesen darbietet, so erweckt es auch
Krystallisation im Nebengestein. Der dichte versteinerungsführende
Kalkstein, welcher vom Granit durchbrochen wurde, ist durch ihn
in Marmor, zuweilen in den schönsten Statuenmarmor umgeändert
worden. Allerlei herrliche Mineralien, z. B. Granat und Vesu=
vian, Skapolith und Wollastonit sind im krystallinischen Kalkstein
durch die Nähe des Granits erzeugt worden. Eine ähnliche
Veränderung hat auch das vulkanische Feuer des Vesuv hervor=
gebracht. Die aus seinem Schlund ausgeschleuderten Kalkstein=
blöcke sind nicht mehr jener dichte Appenninenkalk des umlagernden
Grundgebirges, sondern krystallinischer Kalk reich an den schönsten
Mineralien. — Weniger in die Augen fallend, aber unzweifelhaft
sind die Veränderungen, welche der Granit im Thonschiefer
hervorgerufen hat. Wir verdanken ihre Kenntniß vorzugsweise
dem Prof. Rosenbusch. Auf Grund seiner umfassenden Studien
(Die Steiger Schiefer und ihre Contactbildungen an den
Granititen von Barr=Andlau und Hohwald, Straßburg 1877; und
Mikroskop. Physiographie der massigen Gesteine, Straßburg 1877)
lehrt uns Rosenbusch, daß auch im Thonschiefer durch die Granit=
nähe Krystallisation wach gerufen wird. Bei Annäherung an
den Granit entwickeln sich zunächst kleine knotenähnliche Aus=
scheidungen im Schiefer; dieselben werden größer, während das

Gestein ein kryftallinifches Wesen annimmt. Endlich in un=
mittelbarer Nähe des Granits wird der Schiefer zu einem
kryftallinen Gestein, dem Hornfels, mit undeutlicher oder ganz
fehlender Schieferung.

Wenden wir unfere Gedanken nochmals für einen Augen=
blick zurück zum geheimnißvollen Innern der Erde. Dort liegt
der unbekannte Faktor, deffen Kenntniß nöthig wäre zum Ver=
ftändniß aller großen geologifchen Probleme. Ift dies Innere
ftarr oder feurig flüffig? und — wenn letzteres — wie dick
ift die ftarre Rinde, welche die Feuergluth bedeckt? Befteht das
Innere aus denfelben Stoffen, welche auch die Oberfläche kon=
ftituiren? oder bildet gediegen Eifen einen wefentlichen Theil der
ewig unnahbaren Tiefe, wie es durch die Analogie mit den
Meteoriten, fowie durch das hohe fpec. Gewicht der Erde und
ihre magnetifche Kraft angedeutet wird? Wie wurden die Gebirge,
die Infeln, die Continente emporgehoben? Wie wird das feit
Jahrtaufenden lodernde Feuer der Vulkane genährt? Wo ift der
Sitz der Kraft, welche in den Erdbeben ganze Provinzen er=
fchüttert und verwüftet, Taufenden von menfchlichen Wefen einen
jähen Untergang bereitend? Auf diefe und fo viele andere
wichtigfte Fragen haben wir keine oder nur ungewiffe Antworten.

Wie die Jugendgefchichte der Völker in ein undurchdring=
liches Dunkel gehüllt ift, fo auch die Gefchichte unferes Planeten
in feinen erften Entwicklungsepochen. Es bedurfte unüberfeh=
barer Zeiträume, bis die Erde fich bereitete und vollendete zu
einer Wohnftätte, ja zur Ernährerin des Menfchengefchlechts.
Die Mutter Erde trägt uns, ernährt uns, bedingt unfer Dafein.
Mit taufend Banden find wir an den Planeten gebunden, von
der Erde genommen, wieder zu Erde werdend. Diefer innige
Zufammenhang zwifchen der Mutter=Erde und dem Menfchenge=

schlecht in Geschichte, in Gegenwart und Zukunft fordert uns zu rastloser Erforschung der Erde und ihrer Geheimnisse auf. Mit ahnungsvollem Geist hat es der große Dichter `schon ausge= sprochen:

> Daß der Mensch zum Menschen werde,
> Stift' er einen ew'gen Bund
> Gläubig mit der frommen Erde,
> Seinem mütterlichen Grund.

Worin anders kann dieser Bund beruhen, als in einer Erkenntniß der tellurischen Gesetze, wie sie den Luftkreis, die Meerfluth, die Fruchtbarkeit der Oberfläche, die Schätze der Tiefe beherrschen? Schwer und grausam straft die Mutter Erde die Mißachtnng ihrer Gesetze. Beweis deß sind ja viele einst fruchtbare König= reiche und Länder, welche jetzt nur kümmerlich ihre Bewohner ernähren oder völlig zu Wüsten geworden sind.

Von diesen Betrachtungen und Fragen, zu denen der Granit, der Erstgeborene unter den Eruptivgesteinen anregt, kehren wir nochmals zu der ehrwürdigen Felsart selbst zurück. Wunderbar ist die Rolle, welche gewisse Dinge in der Menschengeschichte, in der Culturgeschichte gespielt haben. Man denke an das Eisen, welches dem Menschen Schwert, Pflugschaar und Schienenstrang gegeben, an den Marmor, ohne welchen die bildende Kunst ihre vollkommenste Blüthe nicht hätte entwickeln können. Auch vom Granit und seiner Bearbeitung muß geredet werden, wenn die Geschichte der Völker dargestellt wird. — Wer kennt ihn nicht, den orientalischen Granit, dessen Bauten und Säulen den Jahr= tausenden die Macht und Größe der beiden Reiche verkündigen, Egypten's und Rom's, welche einzig dastehen in der Weltgeschichte.

Eine Inschrift im großen Palast von Luxor, einem Werke Amenophis' III. (18. Dynastie) lautet: — „der Sohn der Sonne,

Amenophis, hat diese Bauwerke aufführen lassen und sie seinem Vater geweiht; er hat sie ausführen lassen aus harten und guten Steinen". Fürwahr, das Reich der Pharaonen hat seinen vollkommensten Ausdruck erhalten durch seine Tempel, Obelisken, Kolosse aus gutem, hartem Granit. Derselbe Stein, von demselben Fundort ist es, dessen Säulen, Trümmer, Splitter die Machtsphäre des römischen Reiches bezeichnen.

Wer hätte nicht gehört von den Obelisken zu Rom! Es sind die größten Massen, welche jemals von Menschenhänden bewegt wurden. Diese ungeheuren Granit-Monolithe predigen Weltgeschichte, wie kein anderes menschliches Werk. Drei Mal wurden sie aufgerichtet, jedesmal zum Ruhme einer andern Gottheit und im Dienste einer andern Macht: Zwölf Obelisken von herrlich rothem, grobkörnigem Gestein schmücken die ewige Roma; darunter Monolithe von hundert Fuß Höhe und 10000 Centner Gewicht. — Auf Befehl der Könige Egyptens aus dem lebendigen Fels gehauen, ein bis zwei Jahrtausende v. Chr., schmückten sie gewöhnlich zu je zwei die Pylonen der Riesentempel. Als Egypten der römischen Macht erlag, wurden — zuerst unter Augustus — Obelisken nach Rom gebracht. Diese Riesensteine über das Meer zu führen und von neuem aufzurichten, war die höchste Leistung der Mechanik. Kaiser Augustus schenkte das Schiff, welches den thebaischen Obelisken getragen, als ein Wunderwerk der Kunst den Werften von Puteoli; es wurde durch eine Feuersbrunst zerstört. Cajus Cäsar, Caligula, Constantius ließen Obelisken nach der Welthauptstadt bringen. Dreihundert Ruderer bewegten das Schiff, welches den lateranensischen Monolithen trug. So schmückten diese Riesensteine als die erstaunlichsten Werke von Menschenhand Jahrhunderte hindurch die Hauptstadt des Weltreichs. Wie furchtbar mußte die Zerstörung sein, unter welcher das alte Rom und die alte Welt zusammenbrach, daß selbst die Obelisken zu Boden stürzten und von den meisten nur Sagen die Stellen bezeichneten, wo sie im Schutte begraben lagen! Der Riesenstein des Pharao Thutmosis — an dessen Vollendung nach Plinius (Lib. XXXVI, Cap. IX) Zeugniß 20 Tausend Menschen gearbeitet — lag ein Jahrtausend vergessen, von Schutt und Trümmern bedeckt. Sixtus V., der gewaltige Pabst, welcher auch die Peterskirche mit der herrlichen Kuppel überwölben ließ, richtete die Obelisken wieder auf. Er reinigte sie von dem zweifachen Götzendienst der Pharaonen und Cäsaren und weihte sie dem Christenthum. Mit ihren Königsschildern und Hieroglyphen sind sie Symbole vergangener Jahrtausende. Da erhebt sich vor dem staunenden Blick der vatikanische Obelisk, den Ruhm der römischen Kirche verkündend, fremdartig, eine Verkörperung anderer Ideen als diejenigen, welche uns beseelen. Einer Exorcirung hätte es bei diesem Stein kaum bedurft, denn in treuer Erfüllung eines frommen Gelübdes ließ Pharao Nunc=coreus, des großen Sesostris Sohn, ihn aus dem Gebirge meißeln. Pharao, von Blindheit befallen, hatte der Sonne einen Obelisken gelobt, wenn er wieder sehend würde (Plinius. Nat. Hist. Lib. XXXVI. Cap. XI.) [17])

Der lateranensische Obelisk, der höchste von allen, brach bei der Normannenverwüstung in drei, jetzt wieder kunstvoll zusam=mengefügte Stücke. Pharao Thutmosis hatte wohl Sorge ge=tragen, daß dies sein herrliches Werk bei der Aufrichtung keinen Schaden nähme, daß nicht etwa die Hebel versagten oder das Reißen der Stricke dem Werk Verderben brächte. Seinen Sohn band Pharao auf die Spitze des Steins, damit die Sorge um das Leben des Königsohns die glückliche Vollendung der Arbeit sichere (Plinius, ib. Cap. IX).

Alle Städte Egyptens waren mit Obelisken und Kolossen von Granit geschmückt. Auch fertigte man kleine Tempel aus einem einzigen Granitblock. Solche Tempel schildert aus eigener Anschauung der Vater der Geschichte: „Vor Allem das größte Wunder ist mir dies: Er (König Amasis) ließ herbeischaffen von Elephantina ein Häuschen aus einem einigen Stein und daran schafften an drei Jahre lang zwei Tausend Männer, die da bestellt waren, es herzubringen, und das waren lauter Schiffer. Dieses Häuschens Länge beträgt 21 Ellen, die Breite 14, die Höhe 8. — Dasselbige steht an des Tempels Eingang" (zu Sais).[18] Von noch größeren Dimensionen war ein monolithischer Tempel, welchen Herodot in der Stadt Buto, nahe der Sebennytischen Nilmündung erblickte: „Es ist, sagt er, in diesem Heiligthum der Leto ein Tempel, der ist aus einem einigen Stein gemacht in die Höhe und in die Breite, und so ist jegliche Wand und jede Seite ist von vierzig Ellen und oben als Decke liegt auch ein Stein darüber, der hat noch ein vorspringendes Gesims von vier Ellen. Dieser Tempel ist von den Dingen, so man zu sehen bekommt in diesem Heiligthum, das größte Wunder."[19]

Die Egypter bewegten diese ungeheuren Lasten mit den einfachsten Mitteln: sie gruben Canäle vom Nil bis zu den Steinbrüchen, sie bauten schiefe Ebenen, um die Riesenblöcke auf die Höhe der Tempel und Pyramiden zu bringen und um die Obelisken aufzurichten. Vor Allem waren menschliche Arme in Ueberfluß vorhanden. „Dieser Egypter Sesostris — so erzählt Herodot — kehrte heim und führte mit sich hinauf viele Leute von den Völkern, deren Land er bezwungen hatte. — — Er brauchte diesen Haufen dazu: die ungeheuren Steine, die unter diesem Könige gebracht wurden zu des Hephästos Heiligthum, mußten sie heranschleppen."[20] Alle jene Granitmonolithe

sind über und über mit Hieroglyphen bedeckt. Welche starke und
gebuldige Hände waren nöthig, um solche Werke aus hartem Stein
auszuführen! Unsere Bauwerke, selbst unsere stolzesten Dome, sie
werden längst zu Staub zerfallen sein, wenn die granitnen Tem=
pel und Colosse an den Ufern des Nils noch aufrecht stehen.

Während in Egypten die Verwendung der edlen Felsarten
stets im Dienst der Religion geschah, dienten sie in Rom fast
ausschließlich einem maaßlosen Luxus. Es ist nicht leicht, sich eine
Vorstellung zu bilden von der ungeheuren Menge edler Architek=
tur=Steine, welche nach Rom geschleppt wurden. Gewiß, es er=
freuen die Säulen von Granit und edlen Marmorarten, welche
wir überall in Italien erblicken, als eine ruhmreiche Erbschaft
der stolzen Roma, groß an Tugenden und groß an Verbrechen.
Wer aber die Geschichte dieser Säulen und Pilaster von edlen
Gesteinen kennt, in dessen Bewunderung mischt sich ein Schauder.
Wer brach wohl jene herrlichen Säulen? — In der Geschichte der
Märtyrer lesen wir Andeutungen auch über die Geschichte dieser
edlen Gesteine!! — Es mögen zwei Mittheilungen aus diesem
thränenreichen Blatte der Geschichte des Menschengeschlechts genügen.
In den Vitae et res gestae Pontificum Romanorum von Alfon-
sus Ciacconius Tom. I. finden wir Folgendes aus dem Leben
des heiligen Papstes Clemens des Märtyrers (gest. 100). „Der
heilige Clemens wurde, weil er Viele durch seine Ermahnung
und seine Lehre für den christlichen Glauben gewonnen, des
Aberglaubens und der Vernichtung der Götterbilder angeklagt
und in die Verbannung an einen wüsten Ort jenseits des
schwarzen Meeres, in die Gegend des Mäotischen Sumpfs
(Meer von Asow), unfern der Stadt Chersonesus geführt. Dort
fand er mehr als zwei Tausend Christen, verurtheilt
zum Brechen und Schneiden des Marmorsteins. — —

Da er dort viele Bewohner taufte und mehrere Kirchen errichtete, wurde er, nachdem ein Anker um seinen Hals gebunden, auf Befehl Trajans ertränkt" (anno Christi C. Caj. Trajani III.).[21] Auch der herrliche rothe Porphyr (Porfido rosso antico) wurde von Christen gebrochen, wie Eusebius berichtet: „In der Thebais ist ein großer Steinbruch von Porphyr. Eine unzählbare Menge von Gläubigen wurde zur Arbeit in diesem Bruch verurtheilt." — Als die christliche Religion im römischen Reich zur Staatsreligion erklärt wurde, fehlte es in den Gruben und in den Steinbrüchen an Arbeitern![22]

Welch eine Ausdehnung die verschwenderische Anwendung edler Bausteine in Rom gewann, erfahren wir durch Plinius, welcher das ganze erste Kapitel des 36. Buches seiner Naturalis Historia der Schilderung und Verurtheilung dieses neuen und unerhörten Luxus widmet. „Die Natur schuf die Berge für sich, um durch die Eingeweide der Erde gewisse Länderverbindungen zu verstärken, zugleich um den Andrang der Flüsse zu bändigen, die Meeresfluthen zu brechen und die beweglichsten Gegenden durch ihr härtestes Material zu festigen. Diese Berge brechen wir ab, führen sie fort zu keinem andern Zweck als um damit zu prunken, jene Berge, deren Uebersteigung einst angestaunt wurde. Bei den Vorfahren galt die Uebersteigung der Alpen durch Hannibal und später durch die Cimbrer als ein Wunder. Jetzt werden sie ausgebeutet in tausend Arten edler Bausteine. Vorgebirge am Meere werden aufgeschlossen und Hügel in Ebenen verwandelt. Wir beseitigen, was als Scheidewand der Völker aufgerichtet ist. Marmor-Schiffe werden gebaut und ganze Bergstücke fernhin über das Meer geführt. — Es giebt censorische Gesetze gegen mancherlei andere Formen des Luxus und der Ueppigkeit; noch aber verbietet kein Gesetz, edle Architekturfteine über Land und Meer herbeizuführen." Aus einer Stelle bei Tibull erfahren wir, welche ungeheure Menge von Architekturfteinen nach Rom gebracht wurden. Die Straßen der Stadt waren immer vollgepfropft von Laftwagen, welche unter großem Zulaufe des Volfs Säulen von fremdländischen Steinen herbeischleppten. Als die Brüche der foftbaren Gefteine sich zu erschöpfen drohten und der Preis der Werfstücke und Säulen zu unerschwinglicher Höhe ftieg, da begann man die ältern Gebäude zu zerftören, selbst das Heiligthum der Gräber nicht scheuend, nur um die Granit- und Marmorsäulen zu neuen Luxusbauten verwenden zu können. Gegen einen solchen Frevel wandte sich später ein Gesetz, welches verbot, daß Säulen von Grabftätten genommen und zur Verzierung von Gebäuden der Lebenden verwendet würden, unter der Strafandrohung, daß diese Gebäude dem Staate als Eigenthum verfallen sollten.

Noch erübrigt, daß wir die Ursprungsftätte jenes herrlichen Granits kennen lernen, aus welchem die Egypter ihre Colosse und Obelisfen, die Römer[23]) zahllose Säulen gehauen. An der Grenze von Egypten und Nubien durchbricht der segensreiche Strom jenes Granitgebirge, welches sich vom rothen Meere bis weit in die libysche Wüste erftreckt. Es sind schwarze, vegetationslose Berge von schroffen Formen, nur einige hundert Fuß hoch. Auf einer Strecke von 2 d. M. ift der Nil mit schwarzen Granitinseln übersäet, zwischen denen er in Stromschnellen, den berühmten Katarakten, dahinrauscht. Von Affuan und der Insel Elefantine bis zur heiligen Insel Philae, 2 d. M., dehnen sich die alten Steinbrüche aus, einen Raum von mehreren deutschen Quadratmeilen bedeckend. Alle jene Höhen tragen die Spuren menschlicher Thätigkeit. Dort liegt auch noch ein halbfertiger

Obelisk von 26 m. Länge. Große Felsflächen sind entblößt und abgeschrägt; sie erscheinen noch vollkommen frisch mit rother Farbe glänzend auf den Spaltungsebenen der Krystalle. Drei bis vier Jahrtausende haben in jenem regenlosen Klima nicht vermocht, eine Verwitterungsrinde auf dem Steine zu erzeugen, während die natürliche Felsoberfläche mit schwarzer, verwitterter Rinde überzogen ist. Welch' eine Reihe von Jahrtausenden war nöthig, um diese dunkle Schale auf den Felsen hervorzubringen! Und dennoch ist das Relief der Gebirge und Felsen, der Lauf der Ströme, die Form der Länder ein Erzeugniß der allerjüngsten Erdepoche. So ist selbst das höchste Alter der Werke von Menschenhand verschwindend im Vergleiche mit der Dauer selbst nur des heutigen, des jüngsten Erdentages.

Es führten uns diese dem Granit gewidmeten Betrachtungen von den Gipfeln hoher Gebirge bis zum tiefen Schooß der Erde, sie geleiteten uns in die frühesten Zeiten des Menschengeschlechts und zurück bis zum Jugendzustand des Planeten. Das Studium der Gesteine duldet nicht, daß wir ferner fühllos und gleichgültig über die Erde dahingehen. Wo wir auch gehen und stehen auf diesem „mütterlichen Grund," wir hören eine Stimme die ruft: „Dort wo du hintrittst, ist heiliges Land!"

Anmerkungen.

1) Siehe Carl Koristka, Die hohe Tatra in den Central-Karpathen, Ergänzungsheft Nr. 12 zu Petermann's „Geographischen Mittheilungen."

2) S. die Insel Elba, von G. vom Rath; Zeitschr. d. deutschen geolog. Gesellschaft, Jahrg. 1870 S. 591.

3) S. die Lagorai-Kette und das Cima d'Asta-Gebirge, von demselben; Jahrb. d. K. K. geolog. Reichsanstalt, 1860 S. 121.

4) Geognostisch-geographische Bemerkungen über Calabrien, von demselben; Ztschr. d. deutschen geolog. Ges. Jahrg. 1873 S. 150.

Ein Ausflug nach Calabrien, von demselben; Bonn 1871.

5) „Der größte jener drei Steine war 26 Fuß lang, 27 F. hoch; südlicher, in einer Entfernung von 144 F., lag der zweite, 18 F. lang; der Theil, welcher über der Erde hervorragte, hatte eine Höhe von 16 F. Eine Viertelmeile nördlich von diesen lag der dritte, der 25 F. lang, 16 F. breit und 12 F. hoch war, und alle drei bestanden aus derselben Art skandinavischen Granits, waren aber doch von den andern Granitgeröllen, welche sich in großer Menge in der Nähe fanden, etwas verschieden." Johnstrup, Ztschr. d. deutschen geol. Ges. 1874 (nach von Klöden, Beiträge zur mineral. und geognost. Kenntniß d. Mark Brandenburg).

6) S. Geognostische Blicke in Alt-Preußens Urzeit von Dr. G. Berendt. Diese Sammlung Heft 142 S. 10.

7) S. Pyrgoteles, von Dr. J. Heinr. Krause, 1856. S. 6.

8) S. Geschichte der Mineralogie von 1650—1860 von Fr. v. Kobell. 1864. S. 36.

9) Von der Krystallisation des Quarzes sollen die Figuren 1 bis 4 eine Vorstellung geben. Fig 1 stellt die hexagonale Doppelpyramide

(Hexagondodekaëder oder Dihexaëder) dar, von welcher namentlich die eingewachsenen Quarzkrystalle umschlossen zu sein pflegen. Die Lateralkanten sind durch das erste hexagonale Prisma (g) abgestumpft. Es beträgt die Neigung der Flächen in den Polkanten (welche zu den sechs-
flächigen Polecken zusammenstoßen) 133° 44', während die Lateralkanten
103° 34' messen. Fig. 2 zeigt die gewöhnliche Form und Combination
der aufgewachsenen Quarze, der eigentlichen Bergkrystalle. Das hexagonale Prisma ist zu einer Säule verlängert. Die Flächen derselben
sind mit einer feinen horizontalen Streifung bedeckt. Die Zuspitzungs-
flächen, welche die Säule oben und unten begrenzen, lassen eine Verschiedenheit erkennen, welche bei den eingewachsenen dihexaëdrischen Krystallen (Fig. 1) nicht hervortritt. Drei alternirend auftretende Flächen
(R) sind nämlich ausgedehnter als die drei andern (r). Diese letztern
sind zugleich weniger glänzend oder auch matt im Vergleich mit den
glänzenden Flächen R. Man bemerke, daß ein und dieselbe Säulenfläche
oben mit einer glänzenden, unten mit einer matten Fläche in Be-
rührung tritt und umgekehrt. Es folgt hieraus, daß die Flächen R
(resp. r) einem Rhomboëder entsprechen. Die sechsflächige Zuspitzung des
Quarzes besteht demnach eigentlich aus zwei Rhomboëdern, deren Flächen
zuweilen gleich ausgedehnt und gleich sind (wie in Fig. 1) und dann
vollkommen das Ansehen einer sechsseitigen Pyramide besitzen. Die Fig. 2
weist noch zwei Arten von untergeordneten Flächen auf: s (die sogen.
Rhombenflächen) und x (die Trapezflächen). Die Flächen s treten nur
an den abwechselnden Säulenkanten auf, und zwar sowohl oben als auch
unten; sie bilden demnach, wenn man sich dieselben ausgedehnt denkt, eine
dreiflächige Doppelpyramide (ohne parallele Flächen). Die Form der
Flächen s ist ein Rhombus (s. Fig. 4) oder — wenn die betreffende
Ecke zufälliger Weise etwas unsymmetrisch ausgebildet ist — ein Rhom-
boid. Die Flächen x haben stets die Form eines Trapezes, daher ihr
Name; sie stumpfen eine Kante zwischen s und g ab und zwar stets
nur diejenige, welche einer glänzenden und ausgedehnten Fläche R anliegt.
Man bemerke die Parallelität der Kanten r : s : x : g. Die Flächen s
und x liegen rechts unter R, wenn wir das obere Ende des Krystalls
betrachten. Wenden wir das untere Ende aufwärts, so bleibt die Lage
von s und x die gleiche. Ein Krystall von der Art der Fig. 2 heißt

ein rechter; er dreht die Schwingungsebene eines polarifirten Lichtstrahls, welcher parallel der verticalen Axe hindurchgeht, zur Rechten. Andere Kryftalle zeigen die Flächen s und x zur Linken unter R (am obern Ende) liegend (f. Fig. 3); sie heißen linke und drehen die Schwingungs- ebene zur Linken. Fig. 3 zeigt uns eine regelmäßige Verwachfung zweier linker Quarzkryftalle, einen Zwilling. Die gegenseitige Stellung beider verbundenen Kryftalle ist leicht aufzufassen. Bei paralleler Vertical- oder Hauptaxe ift nämlich der eine um die Hälfte des Kreises (180°) gegen den andern Kryftall gedreht. In Folge deß liegen die ausgedehnten Flächen R des einen Kryftalls parallel den kleineren Flächen r des andern. Kryftallgruppen wie Fig. 3 find felten. Meift haben fich die beiden Zwillingskryftalle oder -individuen zu einem scheinbar einheitlichen Kryftall verbunden, wie es Fig. 4 (eine porträt-ähnliche Darftellung eines Järi- schauer Quarzzwillings — aus zwei linken Kryftallen beftehend — aus der berühmten Krantz'schen Mineraliensammlung, welche jetzt dem Bonner Museum einverleibt ift) zeigt. Derselbe läßt zwar keine einspringenden Kanten erkennen, wie es bei Fig. 3 der Fall; doch verräth die Verschieden- heit in der Beschaffenheit ein und derselben Fläche (theils glänzend, theils matt), daß dieser Kryftall in Wahrheit aus zwei Zwillingsftücken befteht, deren Grenze durch eine feine Linie in der Figur angedeutet ift. Die in dieser Weise verbundenen Quarze pflegen von gleicher Art d. h. ent- weder beide rechte oder beide linke zu fein. Solche Zwillinge wie Fig. 4 find ungemein häufig; am deutlichften ift die Zusammensetzung derselben an den Kryftallen von Järischau in Schlesien, wo fie von G. Rose ent- deckt wurde.

10) Charakteriftisch find folgende Aeußerungen des großen Sir H. Davy: „Ich habe der Summe menschlicher Erkenntniß ein Weniges hinzugefügt und versucht, auch etwas zur Summe menschlichen Glückes hinzuzuthun." (Tröftende Betrachtungen auf Reisen; überf. von v. Martius, 1839 S. 212). Ferner „Die Religion gleicht dem Abendstern am Hori- zont des Lebens, der, wie wir ficher find, in einer anderen Zeit Morgen- ftern wird, und seine Strahlen durch Schatten und Dunkel des Todes fendet." (daf. S. 210).

11) Der Feldspath ift von verschiedenen Formen, zwei der gewöhn- lichften find in den Fig. 5 und 6 dargeftellt. Die mit gleichen Buch-

ftaben bezeichneten Flächen find identisch und in beiden Kryftallen nur durch ihre Ausdehnung verschieden. Fig. 5 ftellt einen Adular-Feldspath vom St. Gotthard dar, Fig. 6 einen normalen Feldspath von Neubau im Fichtelgebirge. Die Flächen T : T' bilden vorn eine Kante von 118° 56'; ihre seitliche scharfe Kante (61° 4') ift durch M gerade abgeftumpft, so daß beiderseits gleiche Combinationskanten M : T und M : T' (120° 32') entstehen. Zwischen M uud T tritt zuweilen noch eine schmale Fläche z beiderseits auf; M : z = 150° 31³/₄'. Die Fläche P bildet rechte Winkel mit M, während sie zu den beiden T T' unter 112° 13' geneigt ift. Daraus ergiebt sich, daß P mit der verticalen Axe 63° 57²/₃ bildet. Die Kante P : x beträgt 129° 44¹/₂; demnach ift x zur verticalen Axe geneigt; 65° 47'. y ift viel steiler geneigt; es betragen die Kanten x : y = 149° 59' und P : y (über x) = 99° 43²/₃'; beide Kanten sind horizontal. Die schmalen Flächen n ftumpfen die Kanten P : M ab und zwar faft grade, indem die entstehenden Combinations-kantenbeinahe gleich sind; P : n = 135° 9¹/₃' und M : n = 134° 50²/₃'. Wie die beiden Flächen n beiderseits parallele Combinationskanten mit P bilden, so wird x parallelkantig von den beiden Flächen o geschnitten. Außerdem sind die Kanten y : o und o : n parallel. Durch diese beiden Kantenparallelitäten sind die Flächen o fest bestimmt. Man bemerke, daß die Kryftalle des Feldspaths vollkommen symmetrisch getheilt werden können durch eine vertikale Ebene, welche die Kante T : T' halbirt. Dies ift zugleich die einzige Symmetrieebene der Kryftalle, welche dem-nach zu dem monosymmetrischen System (auch wohl monoklines S. genannt) gerechnet werden. Um die Lage aller Flächen noch deutlicher zu machen, ift in Fig. 6a der Kryftall, Fig. 6, in einer sogen. graden Projection auf die Horizontalebene gezeichnet. Die Figg. 7, 8 und 9 zeigen die drei verschiedenen Zwillingsverwachsungen des Feldspaths. Die Gruppe Fig. 7 befteht aus zwei Kryftallen, deren verticale Axen (oder Kanten T : T') parallel ftehen, welche indeß gegen einander um die Hälfte eines Kreises gedreht und dann mit einander verbunden sind, sodaß die verticalen Flächen T, z, M nur einem einzigen Kryftall anzugehören scheinen. — Aehnliche Gebilde sind dem porphyrartigen Granit von Carlsbad und Eger in ungeheurer Zahl eingewachsen. Nach der Verwitterung des Ge-steins liegen sie lose auf den Feldern. Es sind die sogen. Carlsbader

Zwillinge, welche übrigens in keinem Granit fehlen. — Die Fig. 8 zeigt keine einspringenden Kanten und könnte demnach vielleicht als ein einfacher Krystall gedeutet werden. In Wahrheit liegt indeß ein Zwilling vor, dessen Entstehung man sich in folgender Weise vorstellen kann. Man denke sich den Krystall Fig. 6 durchschnitten parallel einer Fläche n; drehe dann um eine Normale zu dieser Fläche die eine Krystallhälfte um 180°. Die so dargestellten Zwillinge zeigen an dem einen Ende nur ausspringende Kanten, in denen sich die Flächen x, y, T beider Individuen begegnen. Diese Zwillinge, welche ein so ganz verschiedenes Aussehen im Vergleiche mit den einfachen Krystallen oder auch mit den Karlsbader Zwillingen besitzen, finden sich von besonderer Schönheit in den Drusen des Granits von Baveno am Langen See, und heißen demnach auch Bavenoer Zwillinge. Sie sind gewöhnlich so aufgewachsen, daß man nur das eine Ende frei auskrystallisirt sieht, während das andere (nämlich dasjenige, an welchem einspringende Kanten erscheinen müßten) wegen der Anwachsung auf dem Felsen nicht zur Ausbildung gelangt. — Eine dritte, wieder ganz verschiedene Art der Zwillingsverwachsung ist in Fig. 9 dargestellt. Man kann dieselbe dadurch erhalten, daß man einen einfachen Krystall parallel der Fläche P durchschneidet und die eine Hälfte in dieser Ebene um die Hälfte des Kreises (180°) dreht. — Die Krystalle des Feldspaths können nach zwei Richtungen gespalten werden, sehr leicht und vollkommen nämlich parallel der Fläche P; weniger vollkommen, aber doch noch sehr deutlich parallel M. Auf die Rechtwinkligkeit dieser beiden Spaltungsflächen des Feldspaths bezieht sich der Name Orthoklas.

12) Die grünen Feldspathkrystalle vom Pike's-Peak (Col.) gehören zu dem von Des Cloizeaux im Jahre 1876 entdeckten Mikroklin, einem triklinen Kali-Feldspath. Dieselben zeigen auf der Fläche P, x, y eine feine, gitterförmige Streifung, welche von der merkwürdigen, durch Des Cloizeaux nachgewiesenen Zusammensetzung aus drei verschiedenen, feldspathähnlichen Mineralien herrührt, dem Orthoklas, dem Mikroklin und Albit, welche in zahllosen, sich kreuzenden Lamellen zu einem scheinbar einheitlichen Krystall verbunden sind. Die mikroskopischen Photographieen, welche Des Cloizeaux von diesem Mikroklin anfertigen ließ, gleichen einem kunstvollen Gewebe. Die Auffindung dieser grünen Mikroklin-

Feldspathe oder Amazonite geschah im Jahre 1875 inmitten der höchsten Berge des Felsengebirgs, 8 d. Ml. von jedem Dorf entfernt. Ihre Fundstätten sind Drusen im Granit, welche von Schriftgranit (einer Verwachsung von Feldspath und Quarz) umgeben sind und in ca. 3 m Tiefe zu enden pflegen. Weiße Rinden von Albit bedecken häufig diesen grünen Mikroklin, und zwar liegen die Albit-Rinden vorzugsweise auf der Fläche P. Unter den Krystallen befinden sich auch herrliche Zwillinge, doch meist nur nach jenem Gesetze, welches wir oben als das Bavenoer bezeichnet haben.

13) Von der Krystallform des Turmalin geben die beiden Figg. 10 und 11 eine Vorstellung; erstere stellt eine einfache, letztere eine flächenreichere Combination dar. Charakteristisch ist für den Turmalin, neben der verschiedenen Ausbildungsweise der beiden Enden, die neunseitige verticale Säule oder Prisma, gebildet aus einem sechsseitigen Prisma a, dessen alternirende Kanten meist durch nur schmale Flächen g abgestumpft werden. Am obern Ende des Krystalls Fig. 10 treten drei große Flächen auf, mit R bezeichnet; sie bilden mit den kleinen, gleichnamigen Flächen am untern Ende ein Rhomboëder. Die zu den End- oder Polecken desselben sich vereinigenden Kanten messen 133° 8'. Die Combinationskanten R : a betragen 113° 26'. Ferner finden sich am oberen Ende drei kleinere Flächen f, welche in ihrer Lage dadurch fest bestimmt sind, daß ihre Combinationskanten mit R parallel sind den von der Endecke gezogenen Diagonalen der Flächen R. Diese letztern stumpfen demnach die Kanten f : f ab. Außer diesen Flächen finden sich am oberen Ende des Krystalls 11 (welches in Fig. 11a in gerader Projection dargestellt ist) noch eine kleine horizontale Fläche (c), die Spitze abstumpfend, und sechs mit t bezeichnete Flächen. Diese letzteren sind dadurch fest bestimmt, daß sie sowohl mit parallelen Kanten zwischen den Flächen R und a liegen als auch parallelkantig zu je zwei neben einer Fläche f. Aus diesen beiden Elementen kann man die Lage von t bestimmen und ihre Kantenwinkel berechnen. Es ergiebt sich die stumpfe Kante t : t, liegend unter der Fläche R, = 149° 21'; ferner die schärfere Kante, welche durch f abgestumpft wird = 116° 11'. Am untern Ende des Krystalls 10 liegen drei zu sehr stumpfen Kanten zusammenstoßende Flächen, h, welche von parallelen Combinationskanten h : R begrenzt und dadurch bestimmt

werden. Das untere Ende des Kryſtalls (ſ. Fig. 11b) zeigt eine ausgedehnte horizontale Fläche, c, die Parallele zu der oben nur in geringer Ausdehnung vorhandenen. Außerdem erſcheinen die Flächen f; ſie ſind in ihrer Lage identiſch den gleichnamigen am obern Ende, wenngleich ſie eine verſchiedene äußere Geſtalt beſitzen.

Die Verſchiedenheit in der Endkryſtalliſation des Turmalin ſteht im Zuſammenhang mit ſeiner Pyroëlektricität, d. h. mit der Eigenſchaft, bei Temperatur-Veränderungen poſitive und negative Elektricität zu zeigen. An dem in den Figuren nach oben gewandten Ende wird bei Temperatur-Verminderung poſitive Elektricität frei, am untern Ende die negative. Bei Erhöhung der Temperatur werden die Pole vertauſcht. —

14) Der Beryll iſt eines der ausgezeichnetſten Beiſpiele des hexagonalen Kryſtallſyſtems. Die Fig. 12 ſtellt einen Beryll von San Piero am Monte Capanne auf der Inſel Elba dar. Dieſe Kryſtalle ſind in Druſen eines Granits aufgewachſen, daher nur an einem Ende frei. Die ſechsſeitige Säule (das hexagonale Prisma) wird begrenzt durch die Flächen von drei Dihexaëdern (Hexagondodekaëdern) t, o und s' ſowie durch eine zwölfflächige Pyramide (Didodekaëder) x, endlich durch die Baſis c. Alle dieſe Formen ſtehen in nahen, leicht erkennbaren Beziehungen zu einander. Von t als Grundform ausgehend (die Kanten t : c meſſen 150° 3½'), kann man die Flächen s unſchwer beſtimmen, da ſie parallele Kanten mit t und dem über's Eck liegenden a bilden. Durch s würde alſo das Eck t t a a in Form eines Rhombus abgeſtumpft. Nur eine einzige Flächenlage entſpricht dieſer Bedingung. Die Fläche o wird leicht und ſicher durch die Wahrnehmung beſtimmt, daß ſie die Polkante von t grade abſtumpft, in Folge deß die Combinationskanten mit t beiderſeits von o parallel ſind. Die Flächen x gehören einer zwölfflächigen Pyramide (Didodekaëder) an. Man bemerke den Parallelismus der Kanten s : x und x : a.

15) Aus der großen Zahl der mannichfach wechſelnden Formen des Topas ſind in den Figuren 13 und 14 zwei beſonders charakteriſtiſche dargeſtellt. Fig. 13 giebt die Geſtalt eines Kryſtalls vom Schneckenſtein; Fig. 14 diejenige der zierlichen, nur einige Linien großen Kryſtalle von San Luis de Potoſi bei Guanaxuato in Mexico. Wir bemerken zunächſt zwei vertikale Säulen (Prismen) M und l, deren horizontale

Querschnitte Rhomben sind. Das System, zu welchem diese Krystalle gehören, heißt demzufolge das rhombische. Jene beiden Rhomben, welche den Querschnitten der Säulen M und 1 entsprechen, stehen in einem höchst einfachen Verhältniß zu einander. Setzen wir nämlich je eine Diagonale beider Rhomben als gleich, so verhalten sich die Längen der beiden andern wie die Zahlen 1 : 2. Die vordere Kante von M beträgt 124° 17′. Die Flächen 1 würden über M sich begegnen unter dem Winkel 86° 49¹/₄′. Die seitliche Kante der Prisma 1 wird durch b grade abgestumpft. Als Zuspitzung der Topassäule erscheinen zwei oder auch wohl drei rhombische Pyramiden, unter einander und mit dem Prisma M horizontale Kanten bildend. Auch diese Formen stehen im allerein= fachsten Verhältnisse zu einander. Denken wir uns nämlich alle drei Pyramiden über einem gleichen horizontalen Querschnitt (Basis) auf= steigend, so besitzt i nur zwei Drittel Höhe, o aber die doppelte Höhe von u. Aus diesem Verhältniß kann man nun, wenn man einen Winkel einer Pyramide kennt (z. B. o : M = 153° 54′) mit größter Leichtigkeit alle andern Kanten sämmtlicher Pyramiden berechnen. Die Fläche c ist horizontal und nimmt die Spitze der obersten Pyramide fort. Blicken wir auf diese Fläche in der Richtung, in welcher sie spiegelt, so dringt aus dem Innern des Topas, d. h. von mehreren der Fläche c parallelen Spalten ein starker Lichtschein in unser Auge. Es verräth sich hierdurch eine sehr deutliche Spaltbarkeit, parallel welcher die Krystalle an ihrem untern Ende gewöhnlich abgebrochen sind. Fig. 13 bietet uns noch die Flächen x und f dar, beide sehr leicht zu bestimmen. x, eine Fläche einer rhombischen Pyramide, bildet nämlich mit dem Prisma 1 eine horizontale Kante (genau so wie o oder u und i mit M); ferner be= obachten wir einen Parallelismus der Kanten i : i und i : x. Hierdurch ist die Fläche x in Bezug auf ihre Richtung im Raume gleichsam fest= gelegt; sie kann ihre Lage, d. h. ihre Richtung nicht ändern, ohne daß eine jener Kanten=Parallelitäten oder gar beide verschwinden würden. Auch f ist durch den bloßen Anblick der Figur zu bestimmen. Wir be= merken nämlich, daß die Kanten f : x und x : u parallel sind, ferner c : f und f : b. — Bei dem mexikanischen Krystall finden wir statt der Flächen f vier andere, y, welche eine mehr zugespitzte Form verursachen.

Der Parallelismus c : y, y : b einerseits und u : y, y : l (auf der Hinter=
seite des Kryſtalls) andrerſeits beſtimmt die Lage der Fläche y.

Der größte bekannte Topaskryſtall (28 cm. lang; 16 breit; 12 dick)
gefunden in Transbaikalien wurde im Jahre 1860 durch den Kaufmann
Butin nach St. Petersburg gebracht; „Herr Butin wandte ſich an den
Finanzminiſter von Kniazewitſch mit der Bitte, die Gnade zu erlangen,
dieſen Kryſtall Seiner Majeſtät dem Kaiſer unterthänigſt darbringen zu
dürfen. Die Bitte wurde ihm auch bald gewährt. Seine Majeſtät der
Kaiſer geruhte huldreichſt die Gabe anzunehmen und zu gleicher Zeit zu
befehlen: seinen allergnädigſten Dank dem Hrn. Butin kund zu thun,
ihm einen prachtvollen Diamantring (1200 Rubel Silber an Werth)
zu verleihen und den Kryſtall selbſt in der Sammlung des Berginſtituts
zu St. Petersburg aufzubewahren." (v. Kotſcharow, Mater. z. Mine=
ralogie Rußland's Bd. III. S. 379; daſelbſt auch die Abbildung dieſes
Rieſenkryſtalls).

16) S. Karl Loſſen in Zeitſchr. d. deutſch. geol. Geſ. (Bd. XXVIII
S. 168. 1876).

17) Ueber die Blindheit dieſes Pharao (welchen der Vater der Ge=
ſchichte Feron nennt) und ihre seltſame Heilung ſ. auch Herodot II, 111.

18) Herodot II, 107.

19) ib. II, 155.

20) ib. II, 107.

21) Im Original lauten die Worte, wie folgt: Sanctissimus
Clemens — — tamquam superstitionis reus et Idolorum eversor
accusatus, in exilium, ultra Ponticum, vel Euxinum mare versus
Paludem Maeotidem prope civitatem Chersonesum ductus, in deserto
loco, ubi plus quam duo mille Christiani homines ad marmora secanda erant damnati: — — ubi multis baptizatis et plu-
ribus Ecclesiis constitutis, Trajani jussu anchora ad collum ligata sub-
mersus est. — Clemens I. wird in der Reihe der Nachfolger Petri als der
dritte aufgeführt. — Als „Marmora" wurden im Alterthum auch die Granite
bezeichnet.

22) Die Lage der Gruben=Arbeiter in den ägyptiſchen Goldberg=
werken schildert Diodor von Sicilien (Bibliothek der Geſchichte III, 9)
in folgender merkwürdigen Stelle. „Am äußerſten Ende von Aegypten,

da wo Aethiopien und Arabien zusammengrenzen, ist eine Gegend, die viele und große Goldbergwerke hat. — — Die Könige von Aegypten, schicken die, welche Uebelthaten wegen verurtheilt oder im Kriege gefangen oder auch durch Chicanen fälschlich angeklagt oder im Zorn in's Gefängniß geworfen wurden, zuweilen allein, zuweilen mit ihrer ganzen Verwandt-schaft in die Goldbergwerke. — Die dahin Geschickten, deren eine große Zahl ist, sind alle in Fesseln und beschäftigen sich unaufhörlich sowohl den Tag wie die Nacht hindurch mit der Arbeit, ohne einige Erholung zu haben; wobei ihnen alle Gelegenheit zu entfliehen, sorgfältig abge-schnitten ist; denn Wachen von ausländischen Soldaten, die verschiedene Sprachen reden, stehen dabei, so daß Niemand durch Gespräch oder freund-liche Unterhaltung einen von der Wache verführen kann. Niemand kann diese vielen tausend elenden Menschen sehen, ohne sie ihres außerordentlich jammervollen Zustandes halber zu bemitleiden. Weder der Kranke noch der Gebrechliche, noch der Alte, noch das schwache Weib erhalten die mindeste Nachsicht oder Milderung, sondern alle werden durch Schläge gezwungen, unablässig zu arbeiten, bis sie dem Unglück erliegen und in diesen Drangsalen sterben; weshalb diese Unglücklichen bei dieser über-mäßig harten Strafe das Zukünftige [d. h. also die Verlängerung ihrer Arbeitsqualen] noch immer fürchterlicher halten als das Gegenwärtige und daher mit sehnlicherem Wunsch den Tod erwarten als die Fortsetzung des Lebens."

23) Von Interesse ist es zu verfolgen, wie die römische Gesetz-gebung gegenüber der Ausbeutung der Steinbrüche ihre Stellung ver-änderte. Als der Preis der edlen Architektursteine zu unerschwinglicher Höhe stieg, wurden die Steinbrüche zu Staatseigenthum erklärt. Wenn Jemand dem Gesetze zuwider auf eigenem Grund und Boden Marmor-steine brach, so verfielen dieselben dem Staat. Da dies Gesetz der Auf-findung neuer Brüche nicht günstig war, so bestimmte ein späteres Gesetz, daß es jedem frei stehe, edle Steine zu brechen. Die Entdeckungen neuer Brüche waren für Rom freudige Ereignisse. Die betreffenden Berge wurden unter den Schutz einer Gottheit gestellt. Inschriften geben Kunde von solchen glücklichen Ereignissen. Die Auffindung neuer und reicher Granitbrüche zu Syene verkündet noch heute eine Inschrift in den Felsen, welche Belzoni auffand. Die Worte lauten:

Jovi. Optimo. Maximo. HAMMONI · CHNUBIDI · JUNONI·
REGINAE · QUORum · SUB · TUTELA · HIC · MONS · EST ·
QUOD · PRIMITER · SUB IMPERIO Populi Romani. FELIC-
ISSIMO · SÆCULO · Dominorum · Nostrorum · INVICTORum ·
IMPeratorum · SEVERI · ET · ANTONINI · PIISSIMORUM ·
AUGustorum · ET · Getae · nobi LISSImi · Caesaris et · IULIÆ ·
DOMNÆ · AUGustae · Matris · Kastrorum · JUXTA · PHILAS ·
NOVÆ · LAPICEDINÆ · ADINVENTÆ · TRACTÆQUE ·
SUNT · PERASTATICÆ · ET · COLUMNÆ · GRANDES · ET
MULTÆ · SUB · ATIANO · AQUILA · Praefecto · ÆGypti · CU-
RAM · AGENTE · OPerum · DOMINICorum · AURELio · HERA-
CLIDA · DECurione · ALae · L · MAUrorum. (P. Faustino Corsi,
Delle Pietre antiche. S. 23. Roma 1845).

Erklärung der Figuren nebst kryſtallographiſchen Flächenzeichen.

Fig. 1. Quarz. Diheraëdriſcher Kryſtall. R, − R(r), ∞ R(g).

Fig. 2. Quarz. Säulenförmiger, ſogen. Bergkryſtall; ein rechter Kryſtall. R, − R (r), ∞ R (g), 2P2 (s), 6 P$^6/_5$ (x).

Fig. 3. Quarz, ein Zwilling, deſſen beide (linke) Individuen nur an einander gewachſen und ringsum durch einſpringende Kanten ge- trennt ſind.

Fig. 4. Quarz, ein Zwilling, deſſen beide (linke) Individuen ſich zu einem einzigen Kryſtall verbunden haben. Die glänzenden und matten Stellen auf ein und derſelben Fläche verrathen indeß die Zwillingsnatur des Kryſtalls.

Fig. 5. Feldſpath (Adular): T = ∞ P . z = (∞P3) . M = (∞P ∞). P = oP . x = P ∞.

Fig. 6, 6a. Feldſpath (Orthoklas) in ſchiefer und gerader Projek- tion: T = ∞P . z = (∞ P3) . M = (∞ P ∞) . P = oP . x = P ∞ . y = 2 P ∞ . o = P . n = (2 P ∞).

Fig. 7. Feldſpathzwilling „nach dem Carlsbader Geſetz", Drehungs- are iſt die Vertikale. Man kann ſich dieſen Zwilling gebildet denken aus zwei rechten Hälften des Kryſtalls Fig. 6., welche in verwendeter

Stellung mit einander verbunden sind und zwar parallel der Fläche M = (∞ P ∞). Das Original dieses Krystalls befindet sich in der früher Kranz'schen Sammlung und stammt von Brevig in Norwegen.

Fig. 8. Feldspathzwilling nach dem Bavenoer Gesetze. Drehungsaxe ist eine Normale zu der Fläche n. Diese Krystalle sind stets nur mit einem (dem in der Figur dargestellten) Ende frei ausgebildet. Das andere ist mit der Gesteinsfläche verwachsen; Fundort des Originals ist Baveno, am Langen See.

Fig. 9. Feldspathzwilling, dessen Individuen verwachsen sind mit der Fläche P, zu dieser symmetrisch liegend. Die Flächen M fallen vollkommen in Eine Ebene.

Fig. 10. Turmalin von Elba. R bezeichnet das Hauptrhomboëder . f = $- 2$R . h = $- \frac{1}{2}$R . a = ∞ P2 . g = ∞ R . c = oR.

Fig. 11. 11a und 11b. Turmalin von Elba. Zu den eben genannten Flächen treten am obern Ende noch hinzu t = 3R$^3/_2$, ein Skalenoëder. 11a ist eine grade Projektion des obern, 11b eine solche des untern Krystallendes.

Fig. 12 und 12a. Beryll von Elba. t bezeichnet die Grundform, P . s = 2P2 . o = P2 . x = 3P$^3/_2$. a = ∞ P . b = ∞ P2 . c = oP. 12a ist eine grade Projektion auf die Horizontalebene (c).

Fig. 13. Topas vom Schneckenstein in Sachsen. Die Grundform o fehlt an diesem Krystall. Auf dieselbe bezogen erhalten die Flächen folgende Zeichen: u = $\frac{1}{2}$P . i = $\frac{1}{3}$P . x = $\frac{4}{3}$P̆2 . M = ∞ P . l = ∞ P̆2 . f = P̆ ∞ . b = ∞ P̆ ∞ . c = oP.

Fig. 14. Topas von San Luis de Potosi bei Guanaxuato in Mexico. Kleine Krystalle, durch ihre spitze Endigung bemerkenswerth. o ist die Grundform, P . u = $\frac{1}{2}$P . M = ∞ P . l = ∞ P̆2 . y = 2P̆ ∞ . d = P̄ ∞ . c = oP.

—●—

Druck von Gebr. Unger (Th. Grimm) in Berlin, Schönebergerstr. 17a.